全国气象部门优秀调研报告文集 2014

中国气象局政策法规司　编

图书在版编目(CIP)数据

全国气象部门优秀调研报告文集. 2014 / 中国气象局政策法规司编. —北京：气象出版社，2015.9

ISBN 978-7-5029-6191-6

Ⅰ. ①全… Ⅱ. ①中… Ⅲ. 气象学—文集 Ⅳ. ①P4—53

中国版本图书馆 CIP 数据核字(2015)第 205544 号

Quanguo Qixiang Bumen Youxiu Diaoyan Baogao Wenji 2014

全国气象部门优秀调研报告文集 2014

中国气象局政策法规司 编

出版发行：气象出版社

地　　址：北京市海淀区中关村南大街 46 号　　**邮政编码**：100081

总 编 室：010-68407112　　**发 行 部**：010-68409198

网　　址：http://www.qxcbs.com　　**E-mail**：qxcbs@cma.gov.cn

责任编辑：吕青璞　吴晓鹏　　**终　　审**：汪勤模

封面设计：易普锐创意　　**责任技编**：赵相宁

印　　刷：北京中新伟业印刷有限公司

开　　本：889 mm×1194 mm　1/16　　**印　　张**：9.25

版　　次：2015 年 9 月第 1 版　　**印　　次**：2015 年 9 月第 1 次印刷

字　　数：240 千字　　**定　　价**：30.00 元

目 录

全国气象部门信息化情况调研报告
…… 顾建峰 田翠英 周 林等 （1）

2014 年县级气象机构综合改革调研报告
…… 彭莹辉 陈正洪 姜海如等 （7）

2014 年中国气象局重点工作落实情况督查调研报告
…… 张 柱 郭淑颖 李 季等 （11）

气象防灾减灾部门合作调研报告
…… 王 丽 廖 军 路秀娟等 （15）

广东、湖北、广西省（区）气象事权与支出责任划分调研报告
…… 曹卫平 张连强 林 峰等 （18）

河北气象防灾减灾体系建设调研报告
…… 宋善允 刘怀玉 邢文发等 （22）

基层社区气象工作及其社会管理问题调研报告
…… 张 晖 杨 捷 郝 翌等 （26）

北京易灾区暴雨预警信息居住响应调研报告
…… 梁旭东 曹伟华 赵晗萍等 （31）

黑龙江现代农业气象服务需求调研报告
…… 于宏敏 姚俊英 邢德玺等 （35）

京沪粤气象现代化建设调研报告
…… 刘 聪 张耀军 刘文菁等 （39）

安徽省县级气象机构综合改革进展情况调研报告
…… 胡 雯 吴建平 周述学等 （43）

环境气象业务发展现状调研报告
…… 丛春华 吴 炜 孟宪贵等 （47）

基层气象为农服务社会化发展调研报告
…… 崔讲学 张鸿雁 秦承平等 （53）

宁夏地市级天气预报业务改革情况调研报告
…… 丁传群 丁建军 纪晓玲等 （57）

省级气象科研所特色领域科技创新工作调研报告
…… 丁顺清 （60）

气象行政审批制度改革和履行气象行政管理职能调研报告
…… 盖程程 徐丽娜 高学浩等 （65）

行业协会在气象服务社会管理中的作用调研报告
…… 李 闯 屈 雅 王 昕等 （69）

市县两级气象部门预算编制及执行工作科学管理调研报告 …… 朱俊峰 (72)
关于巴彦淖尔市旗县综合业务一体化运行工作的调研报告 …… 刘俊林 (75)
交通气象服务调研报告 …… 车胜利 卢 娟 (78)
气象事权与支出责任调研报告 …… 翟武全 韩苏明 陈红兵 (83)
杭州市气象防灾减灾和公共气象服务体系建设调研报告 …… 苗长明 何爱芳 (86)
福建省气象业务科技体制改革调研报告 …… 魏应植 官秀珠 马 清等 (90)
江西省基层气象为农服务社会化发展调研报告 …… 詹丰兴 (95)
湖南省气象部门劳动用工情况调研报告 …… 常国刚 邹燕姿 李 振等 (98)
构建特区新型气象公共服务体系的调研报告 …… 深圳市气象局 (101)
贵港市气象探测环境保护工作调研报告 …… 林雪香 蒙小寒 (105)
海南省突发事件预警信息发布能力建设调研报告 …… 陈 明 (108)
重庆市综合气象台站普查情况调研报告 …… 李良福 李 菁 李家启等 (112)
德宏州高原特色农业气象服务能力建设调研报告 …… 高安生 (115)
日喀则地区"三农"气象服务的调研报告 …… 洛桑扎西 格桑卓嘎 (118)
2014 年西安、咸阳市气象局深化气象改革试点调研报告 …… 罗 慧 高晓斌 赵 荣等 (121)
甘肃省气象科技人才现状调研报告 …… 刘治国 郑 叙 (124)
青海县级气象机构及人力资源状况调研报告 …… 程 萍 唐文婷 (128)
关于上海市气象局地面观测自动化工作的调研报告 …… 曹晓钟 王柏林 丁若洋等 (132)
气象管理体制调研报告 …… 姜海如 彭莹辉 辛 源等 (136)
赴人民日报社调研报告 …… 中国气象报社 (140)

全国气象部门信息化情况调研报告

顾建峰　田翠英　周　林　郎洪亮　周　勇　谭　振　刘东君

（中国气象局预报与网络司）

经过多年发展，全国气象信息化水平不断提高，但随着现代信息技术，尤其是“大数据”“云计算”技术的迅猛发展，相关部门对气象信息化的内涵认识不到位、信息化新技术应用有限、气象信息化组织管理分散、气象业务系统建设缺乏统筹等问题凸显，造成了“信息孤岛”遍布，“应用烟囱”林立。按照全面推进气象现代化和深化气象改革的要求，加快推进气象信息化发展势在必行。

一、气象信息化现状

（一）信息系统现状

1. 通信网络系统（略）
2. 数据管理与服务系统（略）
3. 高性能计算机（略）
4. 远程会商系统（略）
5. 信息安全系统（略）
6. 服务器与机房设施（略）
7. 业务系统和对外网站（略）

（二）数据流程

气象业务数据流程主要包括数据收集传输、加工处理、存储归档、应用服务等业务环节，依托气象通信网络和存储管理系统实现各类气象数据的收集、分发、处理和共享服务。

二、国内外信息化管理与业务情况

（一）信息化工作组织管理

1. 组织管理方式

在信息化领导体制方面，水利部、农业部、环保部、商务部、地震局采用信息化领导小组领导下的信息化管理机构负责制，海关总署采用信息主管（CIO）直接负责制。信息化领导小组的日常工作主要依靠其下属常设机构（如：信息化领导小组办公室）。

在管理机构设置方面，农业部、海关总署、环保部、地震局采用处级机关管理方式，水利部采用信息中心兼管方式，商务部采用司级机关管理方式。

2. 业务单位设置

被调研单位都设有国家级信息中心。农业部、海洋局设有独立的信息中心；水利部设水利信息中心（水利部水文局）；海关总署设全国海关信息中心（全国海关电子通关中心）和全国海关信息中心广东分中心（作为异地备份）；环保部信息中心隶属于环保部中日友好环境保护中心。

设立国家级数据中心的有水利部和海关总署。水利数据中心是水利信息中心下属事业单位；海关总署中国电子口岸数据中心与全国海关信息中心平级。

下级业务单位设置情况如下：

水利部：全国各流域中心，各省、自治区、直辖市水利（水务）厅（局）设置有水利信息中心。流域级水利信息中心属于水利部派出流域机构，省级水利信息中心归地方管理。

农业部：全国各省、自治区、直辖市及计划单列市农业（农林、农牧）厅（委、局、办）设置有信息中心（站），新疆生产建设兵团设置有农业局信息中心。

海关总署：全国共设有 41 个海关数据分中心，主要建在省会城市，由直属海关和中国电子口岸数据中心双重领导。

海洋局：部分沿海省市海洋机构设置有信息中心，多与监测中心合并，实行“一套人马、两项业务”的工作体制。

环保部：全国各省、自治区、直辖市、副省级城市环保厅（局）设有信息中心。

（二）信息系统建设及运行保障情况

1. 国内情况

水利部是分级管理（即属地化管理）单位，信息化工作特点在于：强调顶层设计；突出信息化领导小组办公室在项目管理中的重要作用；重视统计分析、量化管理。

海关总署信息化工作特点在于：管理上强化标准规范体系的构建，实施中充分利用市场化运作机制。

国家开发银行信息化工作特点在于：运用量化分析手段，科学制定外包策略；完善管理标准，改进外包管理评价机制；建立长效沟通机制，提高 IT 外包效率。

国家电网公司信息化工作特点在于：先进的信息化建设理念，较早确立了信息化工作的整体目标；依托工程项目建设推动信息化；公司化的运作机制。

2. 国外情况

（1）世界气象组织（WMO）

面对信息化，WMO 从 20 世纪末就开始采取行动：从全球电信系统（GTS）的“要什么，可给什么”转换到视窗智能系统（WIS）的“要什么，可取什么”。在传输能力方面：通信连接从“点对点”发展为“多点对多点”和“点对多点”相结合，并以互联网为补充。在数据服务能力方面：不仅能够提供实时数据的传输和交换，还能提供实时和非实时数据的发现和访问服务。

（2）美国国家海洋与大气管理局和澳大利亚气象局

中、美、澳三国信息系统业务布局和观测数据流程现状比较见表 1。

表 1　中、美、澳三国信息系统业务布局流程表

序号	项目	中国	美国	澳大利亚
1	观测数据传输业务流程	三级体制（测站→省级→国家级）	二级体制（测站→国家级）	——
2	高性能计算机系统布局	多级部署，各级均承担业务、科研任务。 国家级：信息中心、卫星中心。 区域中心：8 个区域中心。 省级：15 省（峰值速度 1Tflops 以上）。 地级：深圳、宁波、苏州等。	多地部署，业务科研分用不同高性能计算机。 业务用主、备份高性能计算机系统分别建在弗吉尼亚州的雷斯顿和佛罗里达的奥兰多。 进入业务化运行前的天气、季节到年季气候预测模式使用建在西弗吉尼亚州的费尔蒙和科罗拉多的博尔德的高性能计算机系统。 地球系统相关模式研发主要使用橡树岭国家实验室的高性能计算机系统。 根据《NOAA 高性能计算战略计划（2015—2020 年）》，NOAA 要努力消除业务和科研高性能计算机的区别，建立单一的可靠高性能计算机交付系统。	部门自建与利用国家公共基础设施相结合。 2013 年，澳大利亚气象局（BOM）在位于墨尔本的第二数据中心（SDC）建设了名为“Ngamai”的高性能计算机系统，运算速度 100Tflops，主要用于天气、气候产品制作业务。 同时，BOM 还使用堪培拉国家计算基础设施（NCI）的 1200Tflops 高性能计算机系统承担研究任务。
3	数据存储管理业务布局	二级体制根据《气象数据存储管理办法（试行）》（气发〔2013〕73 号），实行国家和省两级存储。	一主多备。主数据中心：国家气候数据中心（NCDC），备份数据中心：马里兰大学等。	一主一备。主数据中心位于堪培拉，备份数据中心（第二数据中心 SDC）位于墨尔本。
4	业务灾难备份系统布局	同城备份：北京（在建） 异地备份：上海（待建）	异地备份 Reston，VA and Orlando，FL	异地备份： 布里斯班，定期进行业务切换。

三、国内外信息化发展历程与趋势

（一）我国信息化发展历程和发展战略（略）

（二）发达国家信息化发展趋势

继物联网和云计算之后，大数据已成为当今世界各国信息化建设的又一热点，各国政府和国际组织纷纷将开发利用大数据作为夺取新一轮竞争制高点的重要抓手，实施大数据战略。

美国：计划先行。美国是大数据的领跑者，2012 年，奥巴马政府推出“大数据研究与开发计划”，政府投入 2 亿美元重点资助大数据分析，以及大数据在医疗、天气和国防等领域的应用。德国：顶层设计。2010 年发表了《德国 ICT 战略：数字德国 2015》，提出了数字化带来的新增长和工作机会、未来的数字网络、可靠安全的数字世界、未来数字时代的研发、教育和媒体能力与整合、社会问题电子政务六个方面的目标和解决方案。英国：投资保障。英国政府对大数据的开放和利用投入大量资金，计划率先开放有关交通运输、天气和健康方面的核心公共数据库，并在 5 年内投资建立世界上首个“开放数据研究所”。法

国：项目支撑。法国政府以培养大数据领域新兴企业、软件制造商、工程师、信息系统设计师等为目标，开展了一系列的投资计划。日本：政策推动。日本总务省于2012年发布了以大数据政策为亮点的“活跃ICT日本”新综合战略，提出增强信息通信领域的国际竞争力、培育新产业，同时应用信息通信技术应对抗灾救灾和核电站事故等社会性问题。

四、信息新技术发展情况

（一）大数据技术及发展情况

我国大数据应用处于起步阶段，国内典型应用有：(1)研发及公共领域应用；(2)以大数据引领产业转型升级；(3)建立大数据基地，吸纳企业落户。大数据相关国家标准体系正在加速构建。

目前，我国大数据发展面临的主要问题有：(1)数据源不够丰富，数据开放程度较低；(2)大数据技术存在水平不高，技术扩散不畅的问题；(3)大数据相关的法律法规有待进一步完善。

（二）云计算技术及发展情况

我国公共云服务市场仍处于低总量、高增长的产业初期阶段。云主机、云存储等资源租用类服务是当前的主要应用形式。国内云计算典型应用有：洛阳“智慧旅游平台”、杭州“电子政务云”、国土资源部“国土云”项目等。政府采购云服务相关政策正在编制中。

目前，我国云计算发展存在的主要问题有：(1)信任体系尚未建立；(2)“重建设，轻服务”的IT建设传统需转变；(3)云计算在重点行业领域的应用和推广仍面临障碍。

五、存在问题与面临挑战

1.“气象信息化”内涵认识不到位

“气象信息化”贯穿于气象部门综合观测、预报预测、气象服务和资料、信息网络等全部气象业务科研范畴。气象信息化是通过先进的信息技术手段，推动气象业务从传统向现代转变，推动气象业务体制机制深刻变革，推动科技创新、提升气象科技内涵的过程。目前，气象信息化整体水平相对落后，气象现代化的根基不稳、后劲不足。国家级业务科研单位的信息化概念还停留在“自成体系”“自建自用”的传统方式上，导致全国气象业务系统层级过多、业务系统数量庞大、业务流程交错、运行维护成本高等问题。

2. 气象信息化组织管理分散

气象信息化是全面、协调、可持续的信息化，但在气象信息化发展过程中，尚未建立完整的气象标准规范体系，同时缺少各业务系统之间的有效沟通协调机制。而目前的管理体制也缺乏有效的气象信息化统筹协调机制。各管理部门之间横向沟通有限，整体协调能力不足，多头管理不符合信息化高效集约的基本特征，不利于气象部门信息化的整体推进和持续发展。

3. 业务系统发展缺乏统筹

各气象业务系统自成体系，“信息孤岛”遍布，“应用烟囱”林立。面向全部门、跨业务领域的气象信息化整体顶层设计弱，各业务系统间统筹协调、充分利用现有资源、数据和产品充分共享少。国家级业务科研单位都拥有数量庞大的服务器、存储设备、数据库等基础设施和业务平台、网站等应用系统，省级气象部门亦然，信息系统建设经费投入大，经济效益发挥不明显。众多业务平台也造成单位内部数据流程不畅、单位之间数据共享困难。

4. 信息新技术应用有限

气象部门在物联网、云计算、大数据等新兴信息技术方面的技术跟踪不够、储备不足，信息新技术在气象业务中的应用非常有限。信息网络系统还局限在“要什么，可给什么”和“不管你要不要，我就给你这么多”的模式上，迫切需要应用新技术过渡到“要什么，可取什么”的阶段。气象业务系统也存在跟踪和应用信息新技术能力弱的问题。气象信息网络业务基本依靠自身力量进行建设、管理和维护，成本高、水平低、效益差，缺乏综合利用社会力量的能力。不断增长的气象业务需求和相对封闭、落后的气象信息网络系统之间的矛盾愈发突出。

5. 信息网络系统融入气象业务程度不高

信息网络业务对气象业务的需求敏感度不高，还未形成以气象业务需求为牵引、以信息技术为支撑，与气象业务有机互动、双轮驱动的良性发展模式。对气象业务的支撑还停留在被动状态，对其他业务单位的信息化工作无法有效参与，甚至知之甚少，还未能做到主动服务、主动引领和主动推进。各种资源配置不够合理，适应现代气象业务的气象信息网络业务体系尚未构成，信息网络自身能力发挥不足。

六、改革建议

（一）加快推进气象信息化

在国家级和省级两个层面上，充分整合和优化各单位“囤积”的信息网络资源，应用云计算和大数据分析技术，统筹建立包括气象业务、服务、科研、教育培训和行政管理的集约化、标准化的气象信息系统。逐步形成“云端部署、终端应用”的“云＋端”的气象信息系统新格局。建立高速网络系统和基于虚拟化技术与分布式存储的气象云服务平台，支持气象业务综合应用、高性能计算资源高效共享和用户按需数据存取。充分整合气象业务、科研、教育培训、计财人事、政务办公等资源，推进数据安全、充分和高效共享，优化气象信息化整体流程，综合利用社会技术和智力资源，有效消除“信息孤岛”和“应用烟囱”，提升气象信息化整体实力，有力支持气象业务全面现代化。

1. 构建高速通信网络系统

大力提升气象广域网络速率和可靠性，重点支持中西部欠发达省份，达到气象广域网络带宽“国—省”万兆、“省—市、县”千兆的目标。统一全国气象数据传输技术体制，按照世界气象组织信息系统（WIS）技术路线增强国内数据收集与分发能力，实现数据格式标准化并与世界气象组织规范接轨。支持国家和省级数据同步与实时共享，实现以用户按需取用为主、主动推送为辅的数据共享服务。支持国家、省之间以及国、省两级集约化系统与地、县级之间的交互式业务应用。数据和产品传输与共享时效达到秒级。

2. 构建集约化云服务平台

应用资源虚拟化、存储分布式等云计算技术，完善气象信息化标准规范体系，整合国家和省级各业务科研单位所有的服务器、存储等硬件资源，构建国家和31个省级集约化云服务平台。通过云服务平台满足气象业务科研应用的集约化服务需求，彻底解决目前硬件设备重复购买、利用率低、占地耗能等问题。以云计算技术和云服务平台带动国家和省级各单位机房整合，削减机房数量，提高核心机房承载能力和监控管理水平。在上海建立国家级气象应急备份云服务平台。构建全国集中统一的气象云服务平台。建立覆盖气象数据全流程的统一业务监控系统。建立集公文、业务管理、邮件、即时消息等功能为一体，集成高清远程会商系统的协同工作系统，统一支持各级气象管理、业务科研人员按需自由交互和协同工作。

3. 构建集约化数据环境与数据服务系统

国家和省级基于全国综合气象信息共享系统（CIMISS），采用大数据、云计算和分布式存储等先进技术，依托集约化云服务平台，分别构建面向国家级和全省的数据格式和数据接口标准化的气象数据库集群。应用大数据技术，为业务科研应用提供统一、标准的实时历史资料和各类预报服务产品。实现实时和历史数据实时快速检索。以“中国气象科学数据共享服务网”为基础，整合现有各个分散的气象数据共享服务系统，建立统一的“中国气象数据网”，面向国内外、部门内外和社会公众用户提供全面、便捷、实用的气象数据共享服务；整合现有各单位的气象业务内网，建立统一的国家气象业务内网，为全国提供各类数据、产品服务，并建立全国各类业务质量的考核评估管理系统。

4. 构建高效共享的高性能计算平台

建立全国气象部门高性能计算机建设报批制度，统筹各种渠道经费支持的高性能计算机资源建设，严格控制省级及以下气象部门高性能计算机发展。将全国气象高性能计算机资源纳入统一监控管理。合理利用社会力量，加强高性能计算资源的统一管理调度。完善高性能计算机使用效能和应用效益评估机制。

5. 完善信息系统安全体系

建立全面的气象信息系统安全防护技术体系，重要气象信息系统具备安全监测、威胁分析和主动防御能力，信息系统安全等级保护三级系统要完全达到标准要求。实现气象部门对外服务网站集约化发展，明确对外网站定位，整合对外网站内容，减少重复数据发布。统一通过气象云服务平台支持对外服务网站，实现各级气象部门网站系统集中统一发布和分级维护。提高气象部门信息系统设备国产化率，气象核心业务系统要全部使用民族品牌信息系统设备。

（二）增强气象信息化管理能力

1. 建立气象信息化统一领导与管理体系

加强中国气象局信息化工作的统一领导、统一决策和统一部署。建议中国气象局直接领导气象信息化工作，预报与网络司统一负责全国气象信息资源的整体规划和全面协调，省级参照中国气象局模式加强气象信息化领导。

2. 建立开放合作的社会化运行保障机制

充分发挥市场资源配置作用，合理使用外部的技术服务资源，以购买服务方式实现气象信息系统通用性业务运行保障的社会化。建立长期、有效的咨询机制，培植立足于气象信息业务的社会咨询机构。推进新兴信息技术在气象业务中的应用。成立云计算、大数据等气象信息化若干技术领域的专家组。制定有利于信息网络业务部门对外服务的政策，提高信息网络业务部门整体实力和竞争力。

3. 健全气象信息化标准规范体系

加强气象信息化标准规范体系顶层设计，完善气象信息化标准规范体系框架。做好标准研究与制定，加强颁布标准的执行工作，实现气象信息化的“法制化”发展。

4. 转变气象信息化管理方式

依托中国气象局综合管理信息系统，收集和管理气象信息化管理数据，通过信息化手段实现信息系统以“数据”为基础的科学管理，切实增强气象信息化业务管理能力。建立健全信息网络业务考核评估机制，完善以业务质量和服务效果为核心的业务考核评价机制，重点加强信息资源的使用效益评估，推进业务管理由分项运行管理向综合质量标准管理转变。

2014 年县级气象机构综合改革调研报告

彭莹辉　陈正洪　姜海如　王凇秋　龚江丽

（中国气象局发展研究中心）

一、调研基本情况

发展研究中心在对 2013 年以来全面推进县级气象机构综合改革的情况进行总结评估的基础上，通过下发调查表收集到全国 31 个省（区、市）2159 个县级气象机构综合改革进展情况信息共 10 万多个数据（数据截止时间为 2014 年 6 月 25 日）并进行统计分析，同时结合对十余个省气象部门的实地调研，形成了本报告。

二、全国县级基层综改总体进展情况

1. 县级管理机构与业务机构布局基本完成

各省（区、市）气象局按照政事分开的原则分别设置了管理机构和业务机构，全部完成了县级气象机构设置目标任务。全国县级气象机构内设管理机构一般设置 2～3 个。广东部分县级气象局设置了 3～5 个管理机构。机构名称主要为办公室、防灾减灾科和社会管理科等，其中设置 2 个的占 72.3%，设置 3 个及以上的占 17.0%。管理机构人数一般为 3～6 人。所有管理机构均明确了岗位职责，重点强化了社会管理职能。

各省（区、市）县级气象机构业务单位一般设置 2～3 个，个别设置了 4～5 个，其中设置 2 个的占 55.2%，设置 3 个及以上的占 26.3%，设置 1 个的占 15.4%。业务机构名称主要为气象台、气象服务中心和防雷中心。全国 92.4%以上的县级气象机构完成参公管理工作，较 2013 年增加了 20%，其中上海、天津、宁夏、重庆、北京、广西、河南完成率为 100%。

目前全国已有 44.5%的县级气象机构完成了机构和人员的调整。全国 21.1%以上的县级气象机构成立了党组，其中宁夏、北京、湖北、广东等省（区、市）县级气象机构成立党组比例很高。

2. 事业单位法人登记工作总体有进展，争取地方机构及编制呈现良好态势

各级气象部门推动气象事业单位法人登记工作总体有进展。全国完成气象台、气象服务中心、防雷中心事业法人登记的县级气象机构分别有 220，225 和 736 个，所占比例分别为 10.2%，10.4%和 34.1%，在 2013 年的基础上有所增加。

全国县级气象部门在争取地方机构、编制方面有较大突破，总体呈现良好态势（表 1）。

全国 48.8%以上的县级气象机构成立了气象防灾减灾机构，较 2013 年变化不大，其中有机构、有地方编制的气象防灾减灾地方机构比例为 16.8%，较 2013 年增加了 2.1%（表 1）。

表 1　全国县级地方气象机构比例　　单位:%

	气象防灾减灾地方机构		人工影响天气地方机构		为农气象服务地方机构		防雷减灾地方机构	
年 份	2014	2013	2014	2013	2014	2013	2014	2013
有机构、有地方编制、有经费保障	11.7	10.1	20.5	19.2	2.8	2.8	4.0	3.2
有机构、有地方编制、无经费保障	5.1	4.6	5.6	3.7	1.4	1.4	8.1	8.6
合计	16.8	14.7	26.1	22.9	4.2	4.2	12.1	11.8

全国 54.5%以上的县级气象机构成立了人工影响天气机构,较 2013 年提高了 4.2%;全国 37.2%以上的县级气象机构成立了防雷减灾机构。

3. 县级气象工作政府化效果凸显

全国各级气象部门力争把基层气象工作纳入地方政府安全管理体系、绩效考核、应急考核和公共服务体系,2014 年气象工作纳入当地政府相关工作的县级气象机构比例较 2013 年有明显提高(表 2)。

表 2　气象工作纳入当地政府相关工作的县级气象机构比例　　单位:%

	气象工作纳入政府安全管理体系	气象工作纳入政府绩效考核	气象工作纳入政府应急考核	公共气象服务纳入政府公共服务
2014 年	59.1	54.1	61.8	45.3
2013 年	56.7	53.4	59.6	44.7
增加值	2.4	0.7	2.2	0.6

各级气象部门还积极将气象工作、气象探测环境保护纳入政府规划、写入政府文件,将气象防灾减灾、气象科普宣传、公共气象服务分别纳入到当地党委、政府组织的干部培训,以及全民科学素质行动计划纲要及公共服务体系中,气象工作正逐步融入到地方政府工作的多方面。其中将气象工作、气象探测环境保护写入政府文件方面较 2013 年提高了 6%,本局在建立分灾种的气象灾害应急预案较 2013 年提高了 8.9%(表 3)。

表 3　气象工作纳入当地政府规划、文件、培训等县级气象机构比例　　单位:%

	本局气象规划纳入地方政府规划	本局气象规划写入政府文件	气象防灾减灾培训纳入当地党委、政府组织的干部培训计划	气象科普知识教育纳入当地全民科学素质行动计划纲要或计划	本局建立分灾种的气象灾害应急预案
2014 年	63.7	56.2	15.2	28.1	77.2
2013 年	63.7	50.2	15.2	27.3	68.3
增加值	0	6.0	0	0.8	8.9

4. 综合业务建设取得初步进展

2013 年基层综改以来,全国气象部门对县级综合气象业务岗位设置、业务布局、业务流程、综合业务软硬件平台建设进行了统筹规划,并在省局的牵头下正在统一推进综合业务平台建设,在综合业务岗位调整方面有明显进步,全国县级气象机构岗位和人员均已调整到位的占 37.0%,较 2013 年上升了 19.8%。

全国56.9%的县级气象机构完成新型自动气象站建设，其中上海全部完成，江苏、天津完成90%以上，海南、青海、西藏等以加快推进新型自动气象站建设来缓解基层人员少的困难，其完成率达85%以上。

三、基层综改存在的主要问题

1. 事业单位法人登记困难加大

由于国家宏观政策对机构编制管理更加规范和严格，政策灵活空间小，气象部门事业单位法人登记困难加大。全国仅有10.2%，10.4%和34.1%的县级气象机构完成了气象台、气象服务中心、防雷中心事业法人登记。造成困难的主要原因有：一是部分省（区、市）事业单位登记管理部门对省级气象部门提供的审批文件不认可；二是县级气象机构二级事业单位缺乏独立的财务账户，目前设立独立财务账户与气象部门现行的财务预算体制不一致；三是县级气象机构编制少，除去参公（参照公务员，下同）人员，部分二级事业单位人数难以达到事业单位人数的基本要求。

2. 基层公共服务能力仍然薄弱

面对越来越多和越来越高的社会需求，县级气象部门综合业务发展明显不足：一是综合业务布局不够合理，气象服务产品的特色不够突出，县级人员综合素质与气象社会管理和公共服务职能还不相适应，特别是在县域短临和强天气监测预警以及专业气象服务等方面的能力亟待加强，同时县级综合气象业务的科技支撑不够，不能满足服务内容不断精细化的需求，省市级对县级指导产品的针对性不足；二是综合业务岗位并没有完全调整到位，现有综合业务岗位还没有真正有效解决事多人少、能力不足的矛盾。

3. 县级管理与业务混岗现象严重，机构实体化较困难

县局虽已划分参公机构和直属事业单位，但实际上人员难以全部到位，政事分开很难界定。很多县局普遍存在管理与业务、服务混岗现象，导致人员职责不清、工作任务量分配不均衡。一般县局现有正式编制人员6～7人，内设机构2～3个，事业单位3～4个，既要保障地面观测、预报预警、气象服务、技术保障、人工影响天气和防雷等业务服务的开展，又要强化社会管理和公共服务职能，导致人员交叉、一岗多职、兼职严重。

混岗现象导致地方机构实体化困难加大。许多县局成立了地方机构，更多只是停留在发文件或挂牌阶段。地方政府机构管理部门要求每个机构都要有独立的办公场所，有相应的人员配置，部分地区还要求必须开设独立银行账户，有预算和经费支持，有资产调拨等等，种种限制使得机构实体化困难很大。

4. 不少县局财务管理不够规范

目前县级气象局公共财政保障机制未能真正建立，受地方经济发展差异等因素影响，中央财政、地方财政、气象科技服务等多元财政保障机制发展极不平衡，除国家财政外，有的县局地方财政保障充盈，有的地方财政保障无力，有的县局气象科技服务收入充足却难使用，有的科技服务收入较少。县级气象局内部财务运行机制还不完善，省级气象局资金统筹集约的导向和调控作用有待加强，特别对科技服务收入管理不够规范，存在隐患。

四、深入推进基层综改的思考与建议

1. 强化省局统筹推进县局综合业务建设的责任

各省局要进一步加强对县级气象机构综合改革工作的督察和指导，纳入管理体系，加强信息通报和经验交流，定期评估改革方案执行情况和实际效果，继续营造县级综改的良好氛围，同时广泛宣传县级气象机构综合改革在防灾减灾和公共服务中的重要性，争取地方党委政府和有关部门的支持。完善考核机制，确保综改任务按时圆满完成。

2. 完善多元人力资源管理制度

进一步改革和完善多元人力管理制度，建立以省局为主的统一管理制度，进一步强化落实地方机构和编制，建立和完善外聘人员综合管理机制，充实和扩大县局队伍规模，增强基层人员的活力，逐步建立各层次、岗位的人员管理制度。加强县级综合业务技术“带头人”队伍建设，积极推进县局高工评审，并加快培养，提升基层人才队伍整体素质。按照“岗位多责化”要求，锻炼培养并逐步建设一支具有公共气象服务、气象预警预报、气象观测和综合气象保障等综合化、集约化业务能力的复合型人才队伍。进一步健全事业单位聘用制，加大岗位设置管理及进一步建立针对性的综合培训制度。突破体制制约，统筹利用好国编、地编和外聘人力资源，有条件地区逐步实施编外人员择优进编，建立针对县局人才培养长效机制及评价和激励机制。

3. 加大公共财政保障力度，建立县级人员培训专项计划

拓宽经费渠道，探索政府购买服务、部门编制人员、事业聘用人员等经费保障途径。推进综合预算保障体系的建立，强化财务监管。认真探索解决县局科技服务收入问题，建议创收经费要在省级或市级统一管理，统一支出，“收支两条线”，避免政策风险。加大公共财政保障力度，分步解决国编津补贴问题，优先解决西部地区人员津补贴，再解决中部和东部。

进一步发挥中国气象局气象干部培训学院和分院及各省级培训中心的作用，建立“县级综改培训专项计划”，提升基层干部职工综合素质，有条件的地区积极开展对地方编制工作人员和临聘人员的综合素质轮训，大力提升县局人员社会管理能力。

4. 鼓励气象服务向乡镇延伸

鼓励各地发展乡镇级气象服务组织，结合国家权力清单改革，大力加强县级气象局履行社会管理的能力。进一步推进基层气象工作纳入地方政府绩效考核、安全管理、应急管理等考核体系，将气象发展规划纳入地方相关规划体系，确保气象防灾减灾和重大气象发展建设任务得到更多支持。

2014 年中国气象局重点工作落实情况督查调研报告

张 柱　郭淑颖　李 季　黄 超　汪 青

（中国气象局办公室）

为切实抓好 2014 年全国气象局长会议部署重点任务的贯彻落实和督查督办工作，中国气象局办公室制定了《2014 年中国气象局重点工作落实情况督查调研工作方案》，组成 7 个督查调研组于 9 月中下旬分赴河北、江西、福建、湖北、广东、四川、云南、陕西等 8 个省气象局和国家气象中心、气象探测中心、公共服务中心、干部学院等 4 个中国气象局直属单位进行实地督查调研。

一、各单位贯彻落实决策部署的总体情况

（一）全面深化气象改革

一是各省局均成立了全面深化改革领导小组及其办公室，并与之前成立的现代办和基层综改办"三办合一"，部分市（地、州）局也成立领导小组和工作机构，落实专职人员。二是组织全体干部职工学习相关文件精神，加强宣传和舆论引导，形成支持改革、鼓励改革的良好氛围。三是组织制定贯彻落实《改革意见》的实施方案，建立改革动态信息通报制度和检查指导制度，强化督促检查。四是稳步推进县级气象机构综合改革。五是推进气象服务体制、气象业务技术体制、气象行政审批，以及事业单位分类改革，绝大多数省局成立宣传科普中心。六是中国气象局直属单位认真落实各项改革任务。

全面深化气象改革初见成效。省局业务服务水平有所提高，为农服务效益进一步凸显，县级管理岗位人员完成参照公务员法登记，初步形成管理、业务、服务机构框架，积极争取了地方机构和编制，以及政府购买服务性岗位。公共服务中心在台风应急、马航飞机坠毁、云南地震、南京青奥会等重大气象灾害和活动的服务保障中服务效果得到很大提升。气象探测中心岗位设置和职责任务更加完善明晰，分级考核和奖励激励机制更加完善，改革成效逐步显现。干部学院注重承接好中国气象局下放的职能，培训质量和效益不断提高。

（二）关于全面推进气象现代化

一是推进气象工作政府化。江西 11 个设区市均成立了市政府领导为组长、各相关部门领导为成员的气象现代化工作领导小组。二是推进气象业务现代化。湖北组建了华中区域数值天气预报中心，华中区域数值天气预报模式系统正式投入业务化运行；建立了全省 1062 个乡镇的气象要素精细化预报业务并纳入考核。三是推进气象服务社会化。江西建立了 26 个省级应急联动部门参与的气象灾害防御部门联络员会议制度。四是切实发挥试点省份的带头作用。广东制定了率先基本实现气象现代化行动计划，提出六项重点任务，确定三大气象保障工程；建立推进气象现代化建设的省部合作联席会议制度，省政府制定印发《广东省气象现代化考核评价办法》等系列政策，气象工作纳入政府统一部署、统一推进、统一考核。设置三种突发事件预警中心运行模式。加强基层气象服务组织体系建设，新增地方气象机构 90 余个，争取地方编制 1173 名。五是中国气象局直属单位确保现代化任务落实。国家气象中心联合部门内外多家单位开展 GRAPES 模式系统研发和业务攻关、环境气象科技合作、中小尺度灾害性天气分析科研业务结合试点、台风暴雨预报技术科技合作，推进建立观测－信息－预报－服务互动、国家级－省级业务

单位互动的发展机制。气象探测中心强化观测数据质量控制的职责和技术攻关，组建数据质量控制技术团队，在项目立项和资金统筹分配等方面优先安排核心业务和核心技术。干部学院主要从加强课程和教材体系建设、加强培训质量评估研究和实践、提高培训师资队伍素质、加大培训环境设施建设力度等方面推进现代化建设。

气象现代化取得阶段性成效。气象公共服务和社会管理职能得以强化，云南省政府将重大工程气象灾害风险评估和气候可行性论证制度、编制气象灾害防御规划和人工影响天气业务发展规划两项管理职能赋予气象部门。现代气象业务技术体系建设得以推进，山洪地质灾害预警能力、人工影响天气作业能力得到提升，防灾减灾效益明显。国家气象中心一大批气象现代化建设成果投入业务应用，强对流监测预报技术进一步完善，精细化气象要素预报实现突破，山洪灾害气象风险预警业务进展迅速，搭建了环境气象业务基础技术支撑，决策和农业气象服务能力稳步提升，为进一步发展奠定基础。

（三）关于2014年重点任务实施

各单位对2014年全国气象局长会议部署的7大项重点工作和中国气象局下达的35项目标任务进行了分解、落实、下达，并抓好跟踪提醒和督查督办。截止9月底，完成情况总体较好，绝大多数单位按期完成，部分目标提前完成。一是做好气象防灾减灾和公共气象服务工作，气象服务保障及时高效。各级气象部门全力做好春运、雨雪天气、春播、中高考及汛期气象服务工作。“两个体系”建设扎实推进，人工影响天气取得新进展，应对气候变化工作得以实质推动，科技服务能力不断提升。各单位气象服务工作得到地方政府和社会公众认可，特别是汛期气象预报服务准确及时，在重大应急、专项气象服务保障中取得很好效果。二是强化气象社会管理职能，推进法治部门建设，积极争取将气象法律、法规和规章列入各级人大或政府立法项目库。各级气象部门精简下放行政审批事项，规范中介技术服务。与安监部门联合开展防雷安全大检查，推进防雷安全专项治理。积极推进避免危害探测环境行政许可，从源头把好探测环境保护关。三是大力推进科技创新和人才体系建设，提升科技人才实力。推动重点领域研究和科技人才队伍建设，发挥科技引领现代化的核心引擎作用。健全和完善科研评价制度、指标体系和气象科技管理制度。福建实施业务科技人才“领航强基”工程，以科学管理、提升行政技能为抓手强化管理队伍建设。四是加强科学管理，提升综合管理水平。加强机构规范化管理，强化业务质量管理。围绕重点任务落实强化网上督查督办，深化电子政务应用，福建完成全国首家综合管理信息系统数据实时备份工作。五是党风廉政、党的建设和气象文化建设不断深入。认真学习贯彻习近平总书记系列讲话和党的十八届三中全会精神，开展相关培训和轮训。继续推进第一批群众路线教育活动整改工作，扎实开展气象部门第二批教育实践活动。大力加强反腐倡廉建设，努力构建和谐部门。

（四）关于中央八项规定精神贯彻落实

各单位高度重视中央八项规定精神和厉行节约条例的贯彻落实，组织开展严肃财经纪律和“小金库”专项治理，进一步规范“三公”经费、会议费、培训费、课题经费及基建项目等的财务监管。高度重视公车配备管理使用，切实加强车辆使用管理，严格执行车辆集中采购及定点维修、定点加油、定点保险制度，提高公车管理水平。开展办公用房摸查，并按要求清理整改。注重建章立制，建立长效机制，制定印发《贯彻落实八项规定实施意见》《改进工作作风密切联系群众工作细则》等制度。修订完善各单位《党组工作规则》和会议、接待、公车使用、差旅费、公文、目标、会商、请假以及机关效能、调查研究等一系列规章制度。

党员干部纪律观念明显增强，工作作风明显改进，职工精神面貌发生较大变化。调研活动更加务实，密切了干群关系。文风、会风得到改进，办文、办会质量进一步改善。厉行节约取得实效，近一年来省局“三公”经费平均同比减少30%左右，廉政风险防控更加有力，领导干部队伍廉洁自律意识明显提高。

二、存在的主要问题和困难

（一）推进气象现代化方面

一是思想认识有待进一步统一。二是现代化建设的一些关键环节需要着力攻关。三是现代化的特色不够明显、内涵不够丰富。四是部分现代化的任务有待深入落实，特别是涉及省部合作协议中项目的落实，没有相应的协调约束机制，有些任务进展缓慢，难以圆满完成。五是各地气象工作政府化缺乏系统性、整体性，内容单一、进展不一。六是在气象工作政府化中如何发挥好政府的主导作用和部门的主体作用，处理好部门与政府的履职关系，相关部门的人员如何整合，在机构、编制、人员使用上如何保持一个合理边界，在工作协调上如何实现有效运转等问题值得思考摸索，需要加强经验总结，实施有针对性的政策指导和支持。

（二）全面深化改革方面

一是气象部门的相关体制机制和工作设定与国家、地方政府的改革举措、改革要求存在一些冲突，基层气象部门适应、应对压力较大。二是在简政放权，削减行政许可事项，加强事中事后监管的背景下，目前气象部门在机构和人员、监管手段和措施等方面有所缺乏，使得强化社会管理职能难以落实。三是公共气象服务的边界尚不清楚，难以界定政府和市场在公共气象服务中的职责和作用。四是基层工作人员存在参公、事业编制、地方编制以及外聘四种形式，统筹管理难度较大，人员流动配置难度增大，与地方政府存在着录用、调配等方面的矛盾。五是在基层综合业务改革中，任务繁重、要求高，而基层人员自身能力、业务素质有差距，不能满足现有业务需求，适应改革进程的能力亟待加强。

（三）现代业务发展方面

一是综合气象观测站网布局有待进一步优化，多种探测系统协同观测能力薄弱，观测数据质量有待进一步提高，装备保障系统建设滞后于观测设备建设。二是精细化预报业务发展缓慢，业务服务支持产品不够丰富，服务流程需要进一步优化，决策服务针对性还需提高，公众服务指导仍需细化，中小河流洪水和山洪风险预警业务的发布渠道和手段需要完善。三是各级气象部门均成立了气象灾害防御机构，但普遍存在缺乏社会管理经验，相关社会管理职责履行不到位的问题。四是部分基层台站反映业务系统较多，且相对独立，对业务系统集约化需求迫切。五是区域自动气象站社会化保障的经费不足。县级综合气象业务平台的概念不明晰，不好操作。

（四）贯彻落实中央八项规定精神方面

一是各单位对贯彻执行中央八项规定精神的长期性、艰巨性的思想认识有待提高，相关的配套制度尚需要进一步完善。二是一般性会议和发函数量并没有减少，会议效率和公文质量没有实质性提高。公务接待、公务用车等机关事务管理还不完善，缺乏具体细化的标准和可操作的办法。三是双重财务管理体制下气象部门津补贴发放、科技服务、财务管理有待进一步规范。四是监督检查力度不够。

（五）综合考评工作方面

一是仍然存在指标偏多、重点不够突出等问题。二是多数目标包含多个任务的现象比较突出，使得表面上精简了数量，但实际任务仍然很多。三是部分目标设定要求模糊，任务不清晰，不便于下级执行。四是部分考核指标能够完成时间和信息填报时间之间间隔很短，使得准备工作总结和佐证材料较为仓促。五是目标考核任务中业务建设项目多、分值重，而其他方面分值少，工作的重要性和分值分配不匹配。六是考核指标的设定还有很大的压缩空间。

(六)内设机构工作作风方面

一是很多临时性任务是通过个人 Notes 邮箱布置下来的,而且时间要求非常紧,影响了基层的正常工作秩序。二是各类项目管理程序复杂,需要报送的各种总结、统计材料仍然很多,基层负担仍然较重。

三、解决的对策和建议

(1)进一步加强对省级气象现代化工作的指导。
(2)加强对基层全面深化改革的调研分析和总结指导。
(3)推进深化改革与气象现代化的有机结合。
(4)继续抓好对中央八项规定精神的学习宣传和落实工作。
(5)进一步完善综合考评和绩效管理工作。
(6)进一步改进机关工作作风,切实为基层考虑和服务。

四、下一步工作建议

(一)不断丰富和巩固督查调研效果

此次督查调研中发现的问题有些是共性的,有些虽是个性但具有一定的征兆,有些问题是基层长期反映,或者是长期存在但始终没有得到根本解决的,要确保这些问题得到切实有效的解决。对于调研过程中发现的一些有效经验和做法,也要进行总结分析,逐步加以推广和应用。

(二)进一步完善督查督办的相关机制

2014 年以来,国务院对督查督办工作高度重视,于 8 月制定下发《国务院关于进一步加强政府督促检查工作的意见》(以下简称《意见》)。中国气象局办公室将深入贯彻落实《意见》精神,修订完善气象部门督查督办工作管理办法和督查督办工作流程,逐步完善督查督办的统筹协调机制、分级负责机制、协同配合机制和动态管理机制,努力建立起督查督办的限期报告制度、调查复核制度、责任追究制度和督查调研制度,使督查调研工作制度化、常态化。

(三)切实完善相关制度并强化制度执行

很多问题长期在中国气象局层面转圈或搁置,有的是解决难度较大,有的是难以明确具体承担单位,有的是形成惯性不愿去改进,更主要的是没有约束的制度。建议进一步完善部门协调沟通机制,部门负责同志以至主要负责同志要面对面沟通,仍不能达成一致的,要及时报中国气象局,不能久拖不决。需要通过制度约束的,要抓紧制定相关的制度,并严格加以执行。

气象防灾减灾部门合作调研报告

王　丽　廖　军　路秀娟

（中国气象局应急减灾与公共服务司）

部门合作是拓展气象服务领域，提高气象服务效率，提升气象服务效益的重要途径。长期以来，气象部门高度重视与外部门的沟通合作，并进行了大量的实践和探索，取得了较为明显的成效。2014 年 3 月，减灾司组织开展了国家级和省级气象防灾减灾部门合作工作专题调研。

一、气象防灾减灾部门合作进展

（一）合作领域日益广泛

合作领域广泛。根据调研情况统计，合作涉及 22 个部门，电力、三峡、移动、联通、电信等多个集团公司。31 个省（区、市）气象局与 371 个部门和单位签署了合作协议，与 400 个部门和单位实现了信息共享，每年与外部门开展重大气象灾害预警联合会商平均达 786 次；27 个省（区、市）气象局均建立了省级气象灾害预警服务部际联络员会议制度，参加单位每省（区、市）平均达 23 个。合作对象集中在与中国气象局合作较多且签署过协议的环境保护、交通、国土资源、旅游、林业、卫生、电力、水利、安全生产监督管理、农业、民政、通信等 12 个部门和单位中，约 65%的省级气象部门与卫生部门开展了合作，与其余 11 个部门开展合作的省份均在 84%以上（见表 1）。本次调研重点分析各级气象部门与上述 12 个部门合作开展情况。

表 1　与外部门存在合作关系的省份数量

部门	环境保护部门	交通运输部门	国土资源部门	旅游部门	林业部门	卫生部门	电力部门	水利部门	安全监管部门	农业部门	民政部门	通讯部门
省数	30	31	30	28	31	20	29	29	26	30	31	27
%	97	100	97	90	100	65	94	94	84	97	100	87

（二）合作内涵日益深化

目前，部门合作方式主要有签订协议（备忘录）、联合发文、共建共享、联合服务、联合开展科研攻关等 5 种。调查发现，气象与 12 个部门的合作多采用两种以上的方式，与环境保护、国土、农业部门的平均有 4 种左右的方式开展合作，部门合作已从最初的形式重于内容的简单协议，发展到现在多种合作形式并存，合作实质性内容日益丰富，合作范围更加广泛，实质内容逐步大于形式的新局面。

目前，在决策服务方面，气象与林业、电力、通讯、国土、农业部门平均最多联合发布服务产品 5 种，其中与林业、电力、通讯部门联合发布产品最多均为 5 种；与电力、林业、交通和国土部门联合发布服务产品平均次数达 855 次，其中与电力部门联合发布服务产品达 1146 次。在公众气象服务方面，与国土、通讯、水利、农业等部门平均最多联合发布服务产品 21 种，其中与国土、通讯部门联合发布产品最多均达 23 种；与通讯部门联合发布产品次数最多，达 21.3 万次，与交通、林业、电力、环保、国土、农业等部门平均提供服务产品 3806 次。

(三)合作效益日益显著

随着合作的不断深化,三方共赢的局面逐步成型。如针对2012年7月22—23日台风"韦森特"影响,广东气象部门与移动、联通、电信三大运营商联合开展气象服务,全网发送应急提醒短信2条,受众达4600万人次,极大降低了灾区民众生命伤亡及财产损失。除社会效益外,部门合作带来的经济效益也日益显著,根据调查统计,2013年,与通信部门的合作创造的经济效益最高,与电力部门、水利部门、交通运输部门合作都有一定经济效益,浙江、广东、河北、内蒙古、江西5省(区)合作收益占到总收益的78.3%。

二、气象防灾减灾部门合作动因分析

气象部门开展防灾减灾合作动因不一,主要体现在以下方面。

(1)地方经济社会快速发展的需要。76%的省份认为,地方服务需求或地方领导要求是推动部门合作的动因,例如,因气象灾害导致交通事故频发,人员死伤严重,地方政府要求气象、交通、公安部门加强合作,开展服务。

(2)国家级部门合作推动和引导作用。46%的省份认为,国家级协议(备忘录)带动或通知要求是合作动因。以气象与环保、交通、国土、旅游、卫生、民政等6个部门合作为例,省级层面上的合作时间基本集中在国家级层面签订合作协议或联合下发通知前后。统计表明,在国家级部门合作之后,省级层面跟进开展合作比例高达80%以上,其作用主要体现在两方面,一方面为省级层面合作扫清了障碍,另一方面为省级层面合作提供的借鉴和启示。

(3)项目带动作用。15%的省份认为,由于实施重大项目建设需要被动开展合作,例如山洪工程等。

三、气象防灾减灾部门合作面临问题分析

(1)资料共享机制有待健全。调研结果显示,53%的部门合作未开展资料共享,47%的外部门仅向气象部门提供相对简单的资料,而气象部门向近70%的部门提供了各种气象资料。这其中虽然有交换技术条件的制约因素,但更为重要的原因是部门利益在"作祟",导致一些部门缺少信息交换的积极性。

(2)合作"后继乏力"现象明显。与有些部门间的合作不能做到长效和常态,满足于签个协议、开个会等形式,或者有实质性内容,但是后期的跟踪检查、督办、考核不到位,没有实质性进展,导致合作意愿减退,合作后劲不足。

(3)技术支撑力度有待加强。在共建共享为主的部门合作比较容易推进,而对技术含量、服务水平要求较高等领域方面的合作难度较大,这主要是由于目前气象服务水平与相关部门的要求相比还存在较大差距,在一定程度上导致了有关部门存在合作意义不大的认识。

(4)部门利益难以突破。在不涉及部门利益的前提下,部门间的合作大多能建立起长效和常态化的合作,如国土、旅游、林业、安监、农业、民政等,而与水利、环保等部门由于存在潜在的竞争关系,难以突破部门利益的藩篱,进而制约了部门合作的深入推进,往往呈现出"剃头挑子一头热"的现象。

四、思考与建议

(1)进一步强化开放意识,推进融合发展。随着经济社会的不断发展,对气象服务的需求越来越多,要求越来高。推进和深化部门间的合作,不仅是气象事业健康持续发展、全面推进气象现代化的需要,更是保障国家和地方经济社会发展和人民福祉安康的需要。气象部门作为公益性部门,应该用更加开放的意识,更加主动的态度去推进部门合作。

(2)进一步强化顶层设计,营造合作环境。在深化部门合作上,中国气象局的带动作用是不可替代

的，有利于为省级层面上的合作创造机会，减少省级层面部门合作的阻力，提高省级气象部门的工作效率，这对中国气象局的顶层设计提出了更高的要求。当然，省级气象部门也要积极发挥主观能动性，瞄准地方需求，创造机会，主动作为。

(3)进一步加强能力建设，夯实合作基础。影响部门合作进展、成效的原因有很多，但根本原因还在于气象部门自身能力不足，突出表现在部门合作中的主动权不够、话语权不多。要实现外部门“心甘情愿”的合作，气象部门必须以需求为牵引，进一步加强自身业务能力建设，加强核心技术研发，不断拓展服务领域，努力提高气象服务的精细化、专业化水平，从而增加自身在部门合作中的资本。

(4)进一步拓展合作渠道，增强合作活力。随着经济社会的不断发展，对气象服务的需求将日益凸显。一方面，除各级气象部门主管机构加强对外合作外，下属企事业单位也要主动挖掘需求，积极地“走出去、请进来”，形成一个立体的、多层面的合作，从而达到“以上推下，以下促上”的局面；另一方面，各地所处地理位置以及经济社会发展结构的差异，导致外部门对气象服务的需要和要求也不一致。因此，部门合作不能完全“照葫芦画瓢”，而必须立足本地实际，因地制宜的推进合作，切实提高合作效益。

(5)进一步科学应对阻力，分类推进合作。不同部门代表不同利益团体，在合作推进过程中，存在一些阻力是正常现象，要将合作阻力变为发展动力，根据阻力成因对不同部门采取不同措施推进合作。一是对存在职能交叉的部门，要发展自身优势，着力提升气象部门自身的相关业务能力，成为合作部门不能忽视的力量；二是对业务互补的部门，要加强资料共享，共同开展研究，深化融合，成为合作部门不可或缺的一部分；三是对合作需求有待深度挖掘的部分，要加强宣介，扩展服务领域；四是对服务直接影响生产的企业，要提高服务产品的针对性、精细化程度，用服务效益强化合作意愿；五是对与气象部门存在经济利益分成的单位，要积极争取政策支持，同时挖掘市场资源，实现合作共赢。

广东、湖北、广西省(区)气象事权与支出责任划分调研报告

曹卫平　张连强　林　峰　姜长波　屈程媚
王欣璞　王　立　应　宁　焦　蕾　辛　源

（中国气象局计划财务司）

为做好气象事权与支出责任划分的政策研究工作，2014 年 3 月 26—29 日，由计财司、人事司、法规司组成的调研组分别赴广东、湖北、广西气象部门进行了专题调研。有关情况如下：

一、调研基本情况

调研组选择广东、湖北、广西分别作为东、中、西部省份的代表。先后赴广东省局、广州市局、番禺县局、封开县局，湖北省局、黄冈市局、浠水县局，广西区局、南宁市局、苍梧县局、容县局进行了调研，主要采取与各单位进行座谈的方式，听取了各单位对气象事权与支出责任现状情况的介绍和意见建议。

二、气象事权划分与支出责任现状

1. 气象事权由中央和地方共担

广东省、湖北省、广西区各级人民政府都认真贯彻落实《国务院关于进一步加强气象工作的通知》（国发〔1992〕25 号）和《国务院办公厅转发关于加快发展地方气象事业发展的意见》（国办发〔1997〕43 号），都认可气象事业既有中央事权，也有地方事权。中央事权包括气象探测、预警、预报、预测业务、公共气象服务、基本建设等，地方事权包括人工影响天气、防雷、防灾减灾服务等。

2. 建立双重气象计划体制及相应财务渠道

按照《国务院办公厅转发关于加快发展地方气象事业发展的意见》（国办发〔1997〕43 号）要求，在气象事权由中央和地方共担的基础上，中央财政和地方财政都承担了相应的支出责任，建立了双重气象计划体制及相应的财务渠道。近年来，中央、地方对广东省、湖北省、广西区气象事业的投入比分别为 1∶1，1∶0.5 和 1∶0.5。各级气象部门普遍认为，1992 年国家提出建立双重计划体制及相应的财务渠道，适应了中央地方事权划分和国家财税体制改革，一定程度上弥补了中央财政对气象投入不足，发挥了各级地方政府的积极性，拓展了地方气象事业。

3. 气象事权划分程度差异较大

广东省气象部门提出了地方气象事权划分的基本思路是“3＋X”（规定动作＋自选动作）模式，即在成立“突发事件预警发布中心”“人工影响天气中心”“气象影视宣传中心”3 个地方气象机构的基础上，各地可因地制宜根据当地经济社会发展需求，发展相应的地方气象事业，如广东佛山市成立“佛山龙卷风研究中心”。同时明确地方气象事业（包括地方编制人员全部经费、项目建设与维持经费）列入各级地方财政预算给予保障，建立了地方事权、支出责任与财政预算相协调的财政保障体制，但此方式只是目前的运行方式，还未由地方政府从制度上给予明确规定。湖北、广西各级地方政府尚未明确中央及地方事权，目前中央与地方事权互相交叉、互为补充，通过动态和随机决策，属于一种非常规的沟通式、协助式的共建模式，具有很大的不确定性。

三、存在的问题

1. 气象事权没有规范性划分

《国务院关于进一步加强气象工作的通知》(国发〔1992〕25号)已出台22年,各地气象部门主动适应经济社会发展需求新增了很多业务服务项目,但很多事权未能明确归属,存在着中央和地方事权与支出责任存在交叉现象。气象部门在争取中央和地方财政保障时,主要依据《气象法》、国家出台文件中关于"加大对气象防灾减灾投入"等比较宽泛的定性描述,造成事权与支出责任安排本身的随意性和局限性,导致中央与地方政府之间在气象事权安排存在一定的责任与权利不平衡,也造成各地气象事业发展的不均衡。

2. 气象事权与相应的支出责任落实不到位

一是中央财政的主渠道保障作用发挥不够。从实际情况看,2013年中央财政对全国气象事业支出的保障率为48%,与中央财政的主渠道保障作用还有明显差距。二是地方支出责任落实情况受当地经济发展水平及人为因素影响较大。地方各级政府对气象事权支出责任的承担往往与当地经济社会发展水平及地方政府领导重视程度和认识程度密切相关,导致工作难做,发展不可持续。三是支出责任划分过于宽泛或模糊。《国务院办公厅转发关于加快发展地方气象事业发展的意见》(国办发〔1997〕43号)提出"关于气象职工有关补贴等福利待遇问题,在国家尚未作出统一规定之前,'有条件'的地方可比照本地标准先行解决,所需经费由当地政府安排,待国家作出统一规定后再按规定执行",该条款约束性不够,弹性过大,造成了该项支出责任的不清晰,很多气象事业单位职工的地方津补贴多年来中央和地方财政都未解决,只能靠自行创收解决。

3. 气象科技服务收入占支出责任比例过大的保障结构不合理,可持续性不足

2013年,广东、湖北、广西的中央财政、地方财政、科技服务收入对气象事业发展的保障比例分别为1∶1∶3,1∶0.5∶1.5和1∶0.5∶2,科技服务收入承担的支出责任比例远超中央财政和地方财政,这种保障结构既与气象事业的基础性、公益性质不相称,也说明中央财政及地方财政对气象事业的保障不到位。

在国家大力推进改革背景下,科技服务收入的取得和使用存在很多的实际问题。同时,气象科技服务的科技内涵也不高,随着信息化和市场化进程,目前基层的121和短信服务明显衰落(每年以15%~20%的递减),大部分收入依赖行政收费(如防雷收入占了科技服务收入的70%以上),一旦防雷行政审批放开,气象科技服务收入弥补气象事业发展投入不足这一重要手段将受到冲击。

4. 基层气象事权与机构、支出责任不匹配

基层气象部门"人少事多,经费不足"现象比较突出。一是基层气象部门职责、任务不断增加,却无相应机构和人员保障和承担。即使个别地方政府批准了地方气象事业机构,还存在着地方政府配备的工作人员不能满足工作岗位需求及管理方面的问题。二是有些急需开展的业务,还存在支出责任划分不明确的现象,影响基层工作的积极性。

四、地方政府及气象部门对事权与支出责任划分的观点

1. 现行管理体制及相适应的双重计划体制、财务渠道的建立符合我国气象发展规律,必须坚持和完善

实践证明,目前气象部门实行的双重领导管理体制及相适应的双重计划体制、财务渠道的建立符合我国"气象台站高度分散、气象业务高度集中"的气象发展规律和国情,因此,必须坚持,并与时俱进加以完善。

2. 有必要对当前气象事权与支出责任进行明确和划分

一是可以进一步理顺气象工作的职责、职能和发展方向，协调推进气象事业改革发展总体战略部署；二是建立事权和支出责任相应的制度，可以解决气象工作面临的财政保障问题；三是在中央事权和支出责任划分过程中，有助于推进事业机构改革和调整以及地方气象事业机构、人员编制落实，保障地方气象事业持续发展。广西区气象局还提出气象事权与支出责任划分的原则，一是要有利于满足经济社会发展对气象工作需求；二是要有利于提升气象业务服务能力，三是要能够调动中央和地方的积极性。

3. 适度加强中央气象事权和支出责任

我国气象工作的特点和实践都证明了加强中央气象事权十分重要。广西区气象局认为，应在管理体系、业务系统的建设与维持，基础设施建设、气象探测环境保护等方面强化中央事权；湖北省气象局提出，面向全体公民的公共服务、涉及公共安全的公共服务（包括防雷）、涉及国家战略的公共服务（如粮食安全、气候变化、气候资源开发利用以及环境问题等），以及面向各级政府的公共气象服务都应为中央事权组成部分；广东省气象局则建议中央财政应进一步强化中央事权的支出责任，做到应保尽保。

4. 适度给予地方气象事权的自主性

气象工作最终服务于经济社会发展，主要为地方经济社会发展服务的事项属地方事权，也应由地方财政承担支出责任。各单位普遍认为，对于地方事权不宜划分过细过死，要为地方政府根据当地需求确定一定的地方事权留有空间，一是可以满足当地实际对气象工作的需求，二是可以调动地方的积极性，也为明确相应的支出责任和争取地方财政投入留有余地。

五、有关建议

1. 划分气象事权与支出责任要与各项气象改革工作相配合

要在气象服务体制改革、气象业务体制改革、气象管理体制改革、县级气象机构综合改革目标和任务的指引下，理清各级气象部门各自应承担的职责、任务，即先定事权，明确事权清单，再对全部事权进行分类，明确中央事权、地方事权，中央地方共同事权，同时明确支出责任与财政保障机制。

2. 适度加强中央气象事权和支出责任

在《国务院关于进一步加强气象工作的通知》（国发〔1992〕25 号）中确定的“全国统一布局的天气、气候监测，信息加工处理，分析预报的基础业务，以及全国气象通信骨干系统、调度指挥系统”等事权基础上，根据 22 年来的发展变化情况作“加法”，增加海洋、环境气象以及跨区域布局等全局性业务服务系统等中央事权，同时明确相应的中央财政支出责任，中央事权都应由中央财政全额保障，特别是要将人员经费、公用经费和业务维持经费全额纳入，做到应保尽保。

3. 地方气象事权的划分以满足地方需求为原则

全国各地经济社会发展水平不同，各地的需求也不完全相同，地方事权难以准确统一划分，因此可以借鉴广东省气象局提出的地方气象事权划分方法，即采取“全国统一的地方基本事权＋X”模式（规定动作＋自选动作），地方政府需要气象部门承担的职能和任务都应列为地方事权，在此基础上，明确地方财政对地方气象事权的支出责任，做到应保尽保。

4. 建立共同事权和共同支出责任，为因地制宜制订相关政策留有空间

对于不能完全分清中央及地方事权的，如服务国家的重大基础设施、公共工程建设、重点领域或区域发展建设规划的气象保障工程建设及维持，应建立中央和地方共同事权，并分类确定中央和地方支出责任比例，分别由中央财政和地方财政给予保障，这样有利于根据各地经济社会发展水平因地制宜地制订相关政策留有空间。

5. 开展气象事权与支出责任划分试点

开展气象事权和支出责任划分，一是要统筹考虑我国东中西部发展不平衡的事实。无论东、中、西部，还是省与省，省内各地区，甚至一个地区的各县之间发展都不均衡，因此，气象事权与支出责任划分不能搞全国“一刀切”。二是平衡好改革与稳定的关系，全力做好“增量”改革的文章，避免基层职工收入水平大幅下降和影响部门稳定。目前，广东省政府正按照“广东省作为科学发展的试验区、深化改革的先行地、中国特色社会主义的排头兵，要率先基本实现社会主义现代化，率先全面建成小康社会”要求，组织开展事权与支出责任划分试点工作。广东省气象局向省政府提出了主动参与广东省事权与支出责任划分试点工作并得到主管省领导的同意。因此，建议气象部门参照广东省的做法，采取试点先行的方式，按照积极稳妥的原则，在东、中、西部各选取一个省作为试点，根据当地实际情况分别制订相应的试点措施，在总结试点经验的基础上稳步推进。

河北气象防灾减灾体系建设调研报告

宋善允　刘怀玉　邢文发　张　娜

（河北省气象局）

一、调研基本情况

调研组依据《河北省政府2014年气象防灾减灾绩效管理工作方案》和《气象防灾减灾绩效考核指标解读》，采取“听、查、问、谈”方式，与全省11个设区市、2个省直管市和13个县（市、区）政府办和气象灾害防御指挥部有关领导进行交流。对各级气象灾害防御指挥部办公室、气象灾害防御中心“两个实体化”建设，乡镇（街道）气象信息服务站和气象信息员队伍建设，气象灾害预警信息发布机制与接收终端建设维护，各级政府落实气象法律法规工作力度，气象灾害防御地方财政保障机制，气象灾害防御工作纳入政府考核，气象灾害防御“政府主导、部门联动、社会参与”工作机制与职能落地等情况开展调研。

二、气象防灾减灾体系建设现状

（一）推进气象灾害防御指挥部建设

1. 因地制宜，加强指挥部建设

河北省11个设区市、2个省直管市和134个设有气象主管机构的县（市、区）均已成立气象灾害防御指挥部，指挥部办公室设在当地气象局。52个未设气象局的县（市、区）中，已有33个建成了气象灾害防御指挥部，指挥部办公室设在当地水务、农业等有关部门。全省气象灾害防御指挥部覆盖率在有气象局的县（市、区）为100%，未设气象局的县（市、区）为63.5%。

2. 强化职能，发挥指挥部作用

全省各级气象灾害防御指挥部明确职能与工作流程。市、县两级指挥部通过组织重大气象灾害防御、召开气象防灾减灾会议、发布灾害防御文件、组织灾害应急演练和进行联合防灾检查等方式开展气象灾害防御工作，在气象防灾减灾工作中发挥指挥中枢作用。各市、县气象灾害防御指挥部指定专门人员具体负责办公室日常工作。

（二）强化气象灾害防御中心实体化属性

1. 攻坚克难，落实防御中心机构编制

在各级政府不增加事业编制员额的困难面前，实现全省各地成立气象灾害防御中心59个。11个设区市已成立10个，占总数的90.9%，2个省直管市已全部成立，占总数的100%，134个县（市、区）已成立47个，占总数的35.1%。承德市、唐山市各级气象灾害防御中心实现全覆盖。

全省市、县两级气象灾害防御中心落实人员编制225人、财政供养12人，设区市人员编制65人，平均人数5.91人。

2. 部门联合，推进防御中心人员到位

2014年河北省气象局与省人力资源和社会保障厅联合发文，对气象系统地方气象事业单位公开招聘人员办法做出规定，各市、县采取地方政府公开招录，省、市气象局统一招录，气象局原有地方编制直接转入，外单位调入等多种方式积极做好人员到位工作。市、县两级气象灾害防御中心已经到位地方编制人员47人，占已批复地方编制总数18.4%。

(三)加强气象灾害防御法治建设

1. 法治保障，气象灾害防御依法推进

河北11个设区市和80%以上的县(市、区)政府出台了暴雨和暴雪、大风等分灾种灾害防御办法实施细则。石家庄市政府印发了《石家庄市气象灾害防御规划(2014—2020)》和《关于加强市区气象防灾减灾和公共气象服务体系建设的通知》。

各设区市与有关部门开展了气象防灾减灾联合执法检查。全省各设区市和省直管市，对本地近10年气象灾害损失进行全面普查。

2. 结果运用，气象灾害防御纳入政府考核

各设区市政府对气象防灾减灾工作进行考核。各县(市、区)对上级气象防灾减灾绩效管理方案进行细化分解和责任落实。

3. 完善机制，气象灾害防御经费纳入财政保障

各设区市及县(市)气象灾害防御地方财政保障得到落实，有60%以上的县(市)气象灾害防御地方经费有所增长，所需经费能基本保障气象灾害防御指挥、人影作业、区域气象监测、气象预警信息传输、政府购买气象服务等气象防灾减灾工作需求。

(四)着力提升气象灾害防御能力

1. 统筹集约，预警发布与接收终端快速发展

全省各设区市和县(市)气象部门与当地广播、电视和电信运营商签订信息发布协议，建立气象灾害预警信息发布绿色通道，城乡覆盖面达80%以上。预警信息接收终端采取气象部门自建和与其他部门共建两种方式。全省建有气象预警电子显示屏2274块，覆盖66.2%的乡镇，山区乡镇基本实现全覆盖；建有预警大喇叭17396个，覆盖了32.8%的行政村。有50%左右县(市)信息终端维护费列入政府财政预算或专项资金，其他县(市)由气象部门自筹维护经费。

2. 城市防灾，服务站和信息员队伍建设向社区延伸

全省各设区市和县(市、区)建成乡镇气象信息服务站1829个，乡镇覆盖率达100%；建成城市街道信息服务站322个、社区信息服务站32个，城镇街道覆盖率突破30%。在册气象协理员2597人、信息员68745人，覆盖全部乡镇、行政村和重点单位，城镇覆盖率突破35%。气象信息服务站长采取主管乡(镇)长、街道副主任兼任方式。

3. 明确责任，减轻气象灾害对经济社会影响

全省各设区市政府和县(市、区)政府及有关部门修订了《气象灾害应急预案》。全部设区市和90%以上县政府制订绩效管理工作方案及指标体系。各地气象灾害防御指挥部明确指挥部各成员单位和有关部门气象灾害防御责任主体。全省气象部门全力推进气象现代化建设，着力提高精细化天气预报和气象灾害预警服务能力。全省2013年和2014年气象灾害死亡人数分别比上年下降54.1%和42.4%。2013年气象灾害经济损失占当年GDP比例较上年下降0.93%，减少经济损失239亿元。2014年全省在出现严重气象干旱情况下，气象灾害经济损失占当年GDP比例较上年基本持平。

三、存在的主要问题

1. 气象灾害防御中心建设问题

气象灾害防御中心落实比例只有40.1%，仅有35.3%的县(市、区)成立了气象灾害防御中心，36.4%的设区市和16.9%的县(市、区)落实气象灾害防御中心人员编制达标。气象灾害防御中心建设还不适应气象防灾减灾工作需要。主要原因，一是一些市县气象部门认识不到位，存在畏难情绪；二是与政府领导及有关部门沟通力度不够。

2. 县级防御中心人员管理问题

县级气象灾害防御中心人员组织关系，大多挂靠在农业局、水利局，部分挂靠在政府办和人事局。主要原因为，全省县级气象灾害防御中心机构设置为地方股级单位，县气象局为中央编制科级单位，按照地方政府有关规定，科级以上单位才能设立独立事业法人，县级气象灾害防御中心既不能独立为事业法人又不能挂靠在中央编制的县局，给县级防御中心人员管理带来一定困难。

3. 气象法律法规检查问题

全省各市县侧重防雷安全方面的执法检查较多，开展综合性气象防灾减灾检查较少。主要原因是惯性思维，对气象灾害相关法规认识不到位。

4. 气象信息服务站作用问题

气象信息服务站存在发挥作用不强、服务不到位现象。主要原因，一是服务站的工作人员大多对气象工作比较生疏，二是各级气象灾害防御指挥部对服务站技术指导缺位。

5. 气象灾害综合防御能力问题

政府主导、部门联动、社会参与的气象灾害防御机制落实不完全到位。

6. 绩效管理政府主管机构不明确

目前各级纪委和监察(厅)局不再负责绩效管理工作，各级政府尚未明确绩效管理的主管机构。因此，给气象防灾减灾绩效管理工作的联合督导和结果运用，带来一定影响。

四、有关思考和建议

(一)加大气象灾害防御中心实体化建设力度

(1)建议有关设区市和县(市、区)人民政府，依据《河北省气象灾害防御条例》第四条“县级以上人民政府应当加强对气象灾害防御工作的领导，成立气象灾害防御指挥机构，完善气象灾害防御体系”的规定，在本级政府内部调整人员编制，合理解决机构和编制问题。具体可由市政府编办统筹各县(市、区)气象灾害防御中心申请，统一批复整体推进。地方政府事业编制确有困难的，可通过政府购买服务方式，按标准落实财政供养人员和经费，推进基层气象灾害防御中心实体化。

(2)建议各县(市、区)人民政府研究解决县级防御中心人员挂靠部门不统一的问题。对防御中心已挂靠在不同部门的县(市、区)，建议当地政府参照滦平县例，由县人事局将防御中心单独设立人员账户，并负责防御中心人员身份与组织等档案管理，县财政局将人员和业务经费统一划拨县气象局。

(二)加强气象灾害综合防御能力

(1)建议各级气象主管机构摒弃执法与创收的思维怪圈，建立正规的综合执法队伍，加强对国务院《气象灾害防御条例》《河北省气象灾害防御条例》及气象灾害防御办法学习，增强法制意识，依法开展气象综合执法工作。

(2)建议各级政府和气象灾害防御指挥部落实“政府主导、部门联动、社会参与”工作机制，明确气象灾害防范责任主体，发挥政府气象工作职能，分析气象灾害防御效果，通报气象灾害防御结果，提高气象灾害综合防御能力。

(三)提高基层气象灾害防御能力

(1)建议有关县(市、区)政府要依法依规足额落实气象灾害防御所需经费。有关部门应采取集约化方式共建共享信息传播系统，对其他部门已有的信息服务终端，气象部门可采取“借路出行”方式，在当地政府统一协调下借助现有信息终端发布气象灾害预警信息，有效解决信息传播“最后一公里”问题。

(2)建议各地气象灾害防御指挥部由市县气象灾害防御指挥部统一印制《信息服务站工作手册》，拟定服务站工作流程。农村和城镇气象信息服务站要发挥主观能动性，因地制宜做好气象防灾减灾服务工作。

(四)加强政府对气象防灾减灾绩效管理领导

建议各级气象主管机构加强与本级政府的联系沟通，及早明确政府绩效管理主管机构，开展各级气象防灾减灾绩效管理联合督导检查，将气象防灾减灾绩效结果与政府年度工作政绩挂钩，提高各级政府气象灾害综合防御能力与防御效果。

基层社区气象工作及其社会管理问题调研报告

张 晖 杨 捷 郝 曌

（上海市气象局）

一、基层社区气象与社会管理的调研背景

目前，上海共有12000多个居民小区、4000多个居委会，104个街道，105个（乡）镇。如何开展面向基层社区的公益服务、发挥气象部门社会管理责任，成为气象服务社会化要解决的关键问题之一。

根据中国气象局和上海市委、市政府要求，上海基层社区气象工作主要包括：

（1）社区自动气象站设备日常维护，以及观测环境监控。

（2）社区气象灾害风险普查及更新。统计社区气象灾害隐患点（区域）、风险设施（设备）、高风险敏感点（特殊人群，如学校、敬老院等）等。

（3）灾情报告及核实。重大气象灾害发生时，及时向气象局、民政局报告灾情信息，根据需要进行现场调查。

（4）预报预警信息传播。通过社区信息发布设施（电子显示屏、社区网站、社区宣传栏）发布常规气象预报预警信息。

（5）气象灾害防御组织。按照预案，协助街道社区管理人员做好灾前隐患点排查、人员疏散、灾害恢复等工作。

（6）科普及演练。组织社区居民开展气象灾害应对演练，定期组织气象灾害风险知识科普活动。

（7）气象服务需求汇总和服务效果反馈。定期收集整理气象服务需求，协助市气象局专业部门开展服务效果评估。

二、国内外社区气象和社会管理工作现状

（一）国外社区气象和社会管理工作现状及特点

通过对美国、日本、加拿大等发达国家的气象社会管理主体、管理依据、管理领域等基本情况进行调查分析，有以下4个特点：一是注重政府层面对气象事务的协调管理，二是注重发挥社会组织和其他社会力量在气象服务和社会管理中的作用，三是注重管理手段多样化，四是注重气象灾害的应急管理和风险管理。

（二）国内社区气象和社会管理工作现状及特点

中国气象局在北京、上海、天津、广州、武汉、杭州和深圳等7个城市气象防灾减灾试点率先展开探索，试点城市建成“有工作场所、有人员配备、有风险评估、有应急处置、有预警手段、有宣传培训、有防灾减灾志愿者队伍、有长效发展机制”的“八有”城市气象防灾减灾社区。

目前国内社区气象工作主要有以下5个特点：一是拓展气象信息发布进社区，二是增强基层防御场所建设，三是加强基层服务与管理队伍建设，四是重视气象科普进社区，五是基层社会管理开始进社区。

(三)上海气象防灾减灾智慧社区建设情况

2013年和2014年,上海选取杨浦区五角场街道、新江湾城社区开展试点,在完成中国气象局对防灾减灾专项的“七有”建设基础上,建立社区气象灾害风险预警业务体系,开展社区暴雨积涝风险预警服务。建立“网格化管理、直通式服务、针对性响应”的社区预警联动方式。融入智慧社区建设,建设了街道气象、小区气象、家居气象三类智慧屏,开发了社区气象安全一点通微信平台,提升了气象服务智能化水平。

三、基层社区气象服务与社会管理需求分析与评价

(一)开展基层社区社会组织工作实地调研

根据调研,以解决防灾减灾和服务延伸至街镇、社区的“最后一公里”问题为目标导向,气象部门申办从事社区气象防灾减灾与服务指导工作的社会组织是未来气象服务社会化的有效途径,可利用多元社会主体、充分发挥社会力量开展基层社区气象服务与社会管理工作。

近年来,上海社会组织正在成为政府部门重要的合作伙伴,成为加强公共服务和创新社会管理的一支重要力量。目前,上海社会组织包括行业协会等社会团体、基金会、民办非企业三种主要类型。其中,民办非企业单位是指企业事业单位、社会团体和其他社会力量以及公民个人,利用非国有资产举办的从事非营利性社会服务活动的社会组织,如各类民办学校、医院、文艺团体、科研院所、体育场馆、职业培训中心、福利院、人才交流中心等。民办非企业是实体化运作的单位,伴随经济体制改革和事业单位分化过程演化而来,在发挥公共服务职能、对特定群体的多元化服务方面发挥着越来越重要的作用,是通过购买式服务方式解决公共服务和社会管理人力资源不足的有效途径。

(二)开展基层社会管理人员问卷调研

根据调查结果,基层社区管理部门对基层气象服务与管理工作认知较好,70%以上的受访者认为非常了解或了解气象部门在基层社区开展服务和管理工作的必要性。

对于各基层管理部门在开展社区服务和管理工作中,是否需要气象部门协作的问题,90%以上的受访者认为非常需要或需要。

在气象部门和基层管理部门的合作方式方面,56%的受访者认为需要建立全面合作关系,整合机构、队伍、技术,合力推动基层社区防灾减灾,是最适宜于社区气象工作开展的方式。对于气象部门开展社区工作的重点方面,“社区气象灾害风险普查及更新”是受访者所选的最重要工作。气象灾害防御组织、气象灾害科普和演练、灾情报告及核实也是受访者认为比较重要的工作,而气象服务效益评估则放在相对次要的位置。

关于社区气象服务和防灾减灾主体工作落在哪一级的问题,57%的受访者认为落在基层政府机构,如街道、乡镇比较有利于工作开展和取得实效。

在关于社区与气象产生重要关联的方面调查中,90%以上的受访者认为气象服务特别是灾害预警关系社区人民生命财产安全、气象科普工作对于居民防灾避险意识和能力的提高有重要作用,是社区与气象的最重要关联,而社区生活质量、互联网时代的信息需求则次之,说明防灾减灾是社区气象工作第一要务。

对于气象部门在社区开展气象服务相关工作,70%的受访者认为最需要解决的关键问题是要有相对固定的专业、专职队伍。

在调查气象部门成立哪种类型的社会组织开展基层社区气象工作问题时,认为成立协会等社会团体和申办成立民办非营利气象机构的受访者相当。

调查中,针对“民办非企业”这一相对陌生的社会机构形式,专门增加了两个问题进行深入了解,分析

民政局、社团局等基层管理相关部门对于气象部门在此方面的工作建议。其中,70%的受访者认为气象部门成立民办非企业职能定位于“社区气象服务与灾害防御指导中心”最为适宜;51%的受访者认为气象部门成立市级的社区气象工作中心,承担市级气象部门委派的气象服务、防灾减灾与社会管理相关工作,代表市级气象部门与各区县政府相关管理部门联系,与街道等基层管理部门对接,较有利于社区气象工作开展。

四、基层社区气象服务与管理工作思考

基层社区气象工作面临的三个突出问题是体制机制、人才队伍和经费支持。

(一)社会背景下的社区工作趋向

目前,我国正处于重大的社会转型期,要求建立与新的社会结构形态相适应的新的社会管理模式,特别是要求尽快建立政府与企业、事业单位、个人之间的非行政性和非控制型的联结纽带,实现政府与社会各类组织互动性和合作型管理。政社合作是社会建设的重要价值取向。

(二)社会组织是社区气象工作可依托的主体

一是弥补政府在公众服务管理职能方面的不足,二是提高居民对社区的认同感和归属感,三是促进社区自治和基层民主建设。

(三)多元的经费来源是社区气象工作顺利开展的保证

目前,社区气象工作的经费来源比较单一,主要是气象局自筹,通过专项经费开展建设工作。要将社区气象工作做深做实、全面铺开,需要政府主导、多方筹措的经费支持渠道。购买公共服务是政府履行职能的一种新型方式,需探索一种“政府承担、定项委托、合同管理、评估兑现”的政府提供服务的新模式。除了政府支持外,企业赞助、社会捐赠、有偿服务收费也是社区社会组织多元经费来源的渠道。

(四)人才是社区气象工作开展成功的关键

目前不少社区社会组织多是由离退休工作人员组成,应对市场化、社会化管理实践的能力不足,在经费筹措、宣传沟通、活动组织、资源整合和内部管理等方面面临严峻挑战。社区气象工作需要具有一定专业素质的人才,专业人才和志愿者队伍两者组成的统一体,是社区气象社会组织的较好配置。需要加大宣传力度,吸引热心公益事业、懂政策、懂专业、懂管理的高素质人才投身社区社会组织中,对于专业人才在社会保障等方面给予政策倾斜,发展志愿者队伍人员。

五、推进基层社区气象工作的措施建议

(一)社区气象灾害防御体系建设

1. 健全基层社区气象防灾减灾救灾机制

推动出台相关法律法规与规范性文件,明确政府、企业、社会组织和公众的气象防灾减灾责任和义务,规范和引导社会各方面力量自发参与气象防灾减灾行动。与上海基层治理体系相衔接,联合民政等部门,将气象防灾减灾融入地方社会治理体系。

2. 提升社区气象灾害风险管理能力

建立社区多灾种风险管理系统。开展社区承灾体暴露度和脆弱性的普查和分析,建立社区灾害链和

分灾种风险地图。建立与精细化、滚动天气预报紧密结合的高影响天气灾害风险研判系统，实时提供社区多灾种风险预警，建立与灾害风险阈值相对应的社区气象灾害工程性措施体系，全面提高社区气象灾害风险管理能力。

建立社区多灾种预警发布及响应体系。依托设立在气象部门的突发公共事件预警中心，建设与每个社区"点对点"的多灾种预警信息发布系统，建立与预警"一对一"对应的响应措施预案体系，实现"预警早知道、措施早落实"，最大限度减少灾害损失。

开展社区气象灾害影响预报与风险预警。在上海市暴雨诱发中小河流气象风险预警服务基础上，与杨浦区五角场街道、杨浦区新江湾城街道等部门合作，联合制定社区暴雨影响预报和风险预警业务实施方案，通过三方合力，形成社区暴雨影响预报和风险预警的业务流程、业务系统和服务规范，开展社区暴雨影响预报与风险预警，有效降低社区暴雨积涝风险。

3. 建立社区气象防灾减灾标准化体系

按照中国气象局城市社区气象防灾减灾工作的指导意见和规范性文件要求，基于上海市气象防灾减灾社区试点建设成果，建立一整套上海市社区气象防灾减灾标准化体系。

4. 提高社区气象防灾减灾自我组织能力

建立"部门指导、社区组织、社会参与、公民自救"的社区气象防灾减灾工作机制，提高基层社区对气象灾害的自我管理能力。发展气象防灾减灾志愿者队伍，建立有效的气象防灾减灾志愿者激励和运行管理机制。结合基层网格化社会管理，建立基层气象防灾减灾"网格化管理、直通式服务"模式。促进企业和慈善机构等社会组织参与气象防灾减灾。

5. 气象安全社区创建

融入上海智慧社区建设。在上海市经信委的指导下，制定气象安全社区标准，并纳入《上海市智慧社区建设指南》，街镇在开展智慧社区建设时按照气象安全标准执行。建立气象灾害风险评估、多灾种预警、小气候评估、智慧服务等的技术标准。建立与基层社会治理相适应的街道办事处、居委会、物业、业委会和其他居民自治组织密切合作的工作组织标准。建立与社区建设相配套的工程性标准。

(二)社区气象服务体系建设

1. 建立政府购买社区气象服务机制

开展气象安全社区建设要充分发挥街镇政府的主体作用和气象部门的专业技术支撑作用。气象部门负责顶层设计、技术指导、工作考核，并推动落实政府购买服务经费和运行机制；街镇是建设主体，采取社会化的思路，依托社会组织，动员社会力量，利用社会资源，确保建设成果在街镇体现。

2. 探索社区社会组织建设

发展气象服务行业协会。发挥行业协会在气象服务准入、协调、监管、服务、维权等方面的作用。发挥已有各类防灾减灾社会组织的作用。探索建立非营利性气象服务机构，推动出台相关政策措施，保障其直接开展社区气象服务。

3. 发挥社会力量参与社区气象服务

调动社区居民公众参与公共气象服务的积极性。定期开展公众气象服务满意度调查，完善气象服务需求表达机制，强化社会公众对公共气象服务供给决策的知情权、参与权和监督权。开展大城市气象防灾减灾志愿服务，完善志愿服务管理制度和服务方式，促进志愿服务经常化、制度化和规范化。开展气象科普进社区，鼓励公众积极参与工作，促进全民防灾减灾和应对气候变化能力提升。

4. 建设气象智慧服务系统

应用物联网、云计算、大数据技术，研发智能气象生活服务平台。建立包括气象、相关行业和市民生活行为数据为一体的大数据平台，通过数据挖掘和分析，建立相应的影响关联和预测模型，实现气象对交通、卫生、能源等高敏感行业，对老人、儿童、疾病易感人群等特定群体的智能化服务。同时，向社区居民推介更加低碳环保、安全便捷，有利于提高自身适应气候变化能力的生活行为。

5. 社区气象科普服务

结合上海智慧社区建设，将智能气象与社区工作创新性结合，建立科普与服务配套的工作机制。依托智能气象核心技术，以智能气象的产品、渠道和大数据平台为基础，面向社区气象服务不同层次需求，开展气象服务与灾害防御科普宣传。

北京易灾区暴雨预警信息居民响应调研报告

梁旭东　曹伟华　赵晗萍　王方萍　张婷婷　牛晨策

（北京市气象局）

一、调研背景

为了充分摸清灾害预警信息发布的公众响应，中国气象局北京城市气象研究所联合北京师范大学减灾与应急管理研究院的相关科研人员，开展了调研。本次调研首先以北京远郊的灾害易发区作为重点调查区域，以北京远郊灾害易发区的居民作为预警响应的重点调研公众。

二、调研设计

北京远郊灾害易发区的调研地点选取兼顾当地暴雨发生情况、当地的暴雨灾害易损性，以及乡镇分布，选取了房山区和密云县这两个差异较大地区作为北京远郊灾害易发区的调研地点。

2014 年 9 月 3—15 日，调研组赴北京房山区和密云县的乡镇开展调查。采取实地发放调查问卷为主、问询座谈为辅的方式展开，调研共计发放调查问卷 373 份，其中有效调查问卷 371 份。

三、城市远郊区暴雨预警居民响应调研结果分析

（一）城市远郊区暴雨致灾类型多样、后果严重

北京城市远郊区的暴雨致灾类型多样、后果严重。暴雨造成房屋进水，导致出行不便，引起庄稼被冲淹的比例达 83％，严重时暴雨灾害可引起山区泥石流灾害致人死亡。总体来看，由于农村地区大多还是砖瓦平房，房屋进水受灾比其他形式后果更常见；农村公共交通稀缺，交通并不十分方便，而暴雨灾害加重出行不便，对当地居民生活工作造成影响；同时，暴雨导致庄稼减产，影响农民收成，给农民带来经济损失；最为严重的后果是暴雨诱发的泥石流灾害可能夺走居民生命。

（二）预警信息的认知水平有待提高

城市远郊区居民了解暴雨预警信号的比例为 60％，而不了解和不确定是否了解的比例之和为 40％，反映出居民预警信息的认知水平不高。

（三）主动关注暴雨预警的居民比例不高

时常关注暴雨预警居民占 51％，关注程度“一般吧”的居民比例为 38％，另有 11％的居民并不关注暴雨预警，反映出半数居民不主动关注暴雨预警信息。

对比发现，对暴雨预警的了解与不了解比为 3：2，信任与不信任比为 3：2，关注与不关注比为 1：1，调研数据反映出尽管一部分居民了解或者信任预警信号，但是，他们对于主动关注预警信号的积极性并不高，这可能与其生活态度和生活方式有关，属于被动接受型人群。

(四)暴雨预警的信任度较好但有待改善

北京远郊易灾区居民对暴雨预警信息持非常信任或信任态度的比例占63%,持一般态度的比例占35%,另有近3%的居民对预警持不信任或非常不信任态度,不信任率的比例占近40%,暴雨预警的信任与不信任比例为3∶2。

(五)电视/短信是主流预警信息接收渠道

电视和短信是目前远郊区居民暴雨预警信息的主要接收渠道,其次通过收听广播来接收预警,而利用网络、手机软件和朋友间相互转告基本相当但比例不高,这可能与城市郊区网络普及度不高、乡镇中年轻人相对较少等因素有关。此外,通过乡镇中竖立的电子显示屏滚动播放灾害预警也是另外一种提醒居民的预警渠道,但其比例同样较低。

(六)预警信号覆盖度得到改善

为了解北京远郊易灾区居民暴雨预警信号的接收覆盖程度,选取以往具有代表性的暴雨预警案例进行问卷调查,一则案例是令北京人民记忆犹新的“7·21”特大暴雨,另一则案例是在近期刚发生且发布蓝色预警的2014年9月1日暴雨过程。调查表明,2014年9月1日接收到预警信息的人群比例达到71%,比2012年北京“7·21”暴雨预警接收率(46%)有明显提升。可以看出,近两年来预警信号的接收覆盖得到明显改善。

(七)暴雨预警及时度评价以肯定为主,但大多数居民仍期望预警信息及早发布

多数远郊区居民(59%)肯定暴雨预警信息发布时间,认为暴雨预警信息发布及时或非常及时,少数(14%)人群认为预警信息不及时甚至非常不及时,另外,还有27%的居民并不确定预警信息发布是否及时,总体来看,居民对预警及时度的评价以肯定为主。与此同时,大多数居民仍期望预警信息发布越早越好,79%的居民期望预警时间提前3小时以上;期望提前12小时以上的居民占42%;期望提前6小时的居民占16%,期望提前3小时的居民占21%,而只有7%的居民对半小时以内的预警时间表示满意。

(八)部分居民灾害风险防范意识淡薄

不论发布的预警等级如何,城市远郊区居民中仍存在8%的人群对预警信号置之不理,另外,当暴雨蓝色预警发布时,也有62%的居民无动于衷。

四、影响暴雨预警响应差异性的影响因素分析

(一)预警等级

调研结果显示,暴雨蓝色、黄色、橙色和红色预警的人群响应比例分别为38%,57%,77%,92%。提升一个预警等级,居民的响应人数将提升15%~20%。但在调研中,几乎没人了解预警分级标准,都是通过对蓝、黄、橙、红直观感觉来选择是否响应。可见,居民不懂也不关心各级预警的阈值含义,而只看重发布的预警等级结果。

(二)性别因素

男性对暴雨预警信号的认知水平和关注程度明显高于女性,而女性则更容易相信预警信息,且女性对暴雨预警信号的响应比例普遍高于男性,反映女性对预警信息更加敏感,采取应对措施比男性更加积极。女性群体对预警信息缺少关注也缺乏充分了解,说明女性比男性更倾向于被动的接受预警信息,虽

然敏感性更高、预警响应积极性更高，但也容易缺乏理性造成响应措施不当。因此，相对于男性群体而言，女性群体应是预警知识的重点普及对象。另一方面，男性群体虽然对预警关注度较高，但响应积极性不够，可能在应当采取响应措施时盲目自信造成应对不足。

（三）教育水平

（1）预警信号的认知程度与教育水平有关。随着学历的升高，远郊居民了解预警信号的比例随之增加，而不了解预警信号的比例随之下降。

（2）预警信号的信任程度与教育水平有关。随着学历升高，信任预警信息的人群比例反而降低，而学历低的人群越容易相信预警信息。

（3）预警信号的接收是否及时与教育水平有关。学历越高可及时收到预警信息的比例也越高，而不能及时收到预警信息的比例也越低。

（4）预警信号的响应程度与教育水平有关。教育水平越高，采取响应措施规避风险的比例越高，而教育程度越低，越容易忽视预警信息，这与居民的信任程度形成了鲜明对比。

（四）受灾经历

受灾经历影响暴雨预警的响应水平。密云县的冯家峪镇、房山区的大安山乡和佛子庄乡是暴雨人群损失率位居前三位的地区，在这三个地区，居民不理会暴雨预警信号的比例都很低，且不理会预警的比例随着受灾损失程度升高而降低，损失率最高的冯家峪镇暴雨预警置之不理的比例为0。另一方面，这三个乡镇居民对暴雨蓝色预警响应程度却随着受灾损失率的增加而升高。可以看出，由于居民受灾具有地区差异，居民对暴雨预警信号的响应水平也表现出地区差异。有过受灾经历的居民，对预警信号的敏感程度都很高，反之收到预警信号却没有受灾的居民慢慢就降低了响应概率，易灾区居民在这方面的学习能力很强，也说明如果预警信息的发布如有过多空报和误报，必将降低公众对预警信息的信任程度。

（五）其他因素

结果表明，除了预警等级、教育水平及受灾经历等上述因素，居民月收入、居民对预警信息的认知水平等与居民的预警响应行为关系密切，且均与响应概率成正相关。说明居民预警信息认知水平越高、经济状况越好对预警的响应积极性也越高，这些因素同样影响居民对暴雨预警响应。

五、对策建议

（一）提高公众对预警信息的认知水平

进一步加强预警信息的科普宣传，通过简单通俗的形式使公众对预警信号的内涵有实质性的理解，提升公众对暴雨预警信息的认知水平。

（二）引导公众对预警信息主动传播

在发布暴雨预警并达到一定级别的时候在一些公共场所设立醒目的警示标志，并动员公众在接受到预警信息时尽量转发给熟悉的亲人朋友，利用现有社交媒体扩大预警信息的覆盖面。

（三）开展预警科普教育加强针对性

女性群体应是预警知识的科普重点对象。另一方面，男性群体虽然关注度较高，但盲目自信，响应积极性不够，在应当采取响应措施时可能响应不足，因此，应根据人群性格特点采取恰当方式予以引导。

(四)预警时效性与有效性的权衡

可以借鉴欧洲的预警发布措施，将预警信号分为 watching（关注）和 warning（预警）两个级别，在时间较早阶段提醒公众要关注灾害预警，一旦进入了 warning 阶段，就可以及时地做好灾害的防御，让公众有足够时间进行准备，也不会造成发布预警次数过多。

(五)客观均衡设计预警分级标准

需要利用科学的方法对预警的分级标准进行科学评估。对以往预警发布全过程进行详细梳理，分析每一次预警发布前与发布后的气象条件、实际降雨过程与成灾情况，为分级标准合理性评估提供基础依据。

(六)科学评估预警效用

关注点更多放在做好预警之前的精确分析上，同时也需要关注预警信息发布之后的效用评估，为科学设计预警发布标准、规划防御措施和投入提供充足的理论依据。

黑龙江现代农业气象服务需求调研报告

于宏敏　姚俊英　邢德玺　张　舒

（黑龙江省气象局）

2014年黑龙江省气象局首次在全省范围内开展了现代农业气象服务需求调研。调研小组深入县、乡、村及新型农业生产主体进行调研。

一、调研基本情况

（一）调查的基本方法

采取随机抽样问卷调查法，主要选取了集中调查和入户调查两种形式。调查对象充分考虑了地域覆盖面和社会经济发展特点，调查对象的数量符合万分之一的社会抽样调查要求，同时从政府、企业、团体和个人四个层次选取调查对象，且重点兼顾各类合作社和种养殖大户。在调查区域选择上充分考虑了地域覆盖面和社会经济发展特点，选择了松嫩平原、三江平原等粮食主产区及东南半山区和北部林区特色经济作物产区的24个市县，保证样本的代表性。

（二）调查对象及规模

在全省范围内以家庭为单位发送问卷600份，回收有效问卷590份。调查对象包括政府（市县、乡镇、村政府管理人员）、企业（农垦以及涉农企业）、团体（种粮合作社、农机合作社、家庭农场、种粮大户、经济作物种植大户、畜禽养殖大户、水产养殖大户）和个人（从事农业生产的个体，即农民），各类合作社、家庭农场等种植大户占55%，设施农业种植户占38%；集中座谈40余次，走访农户35家，田间地头集中调查20余次；被调查者以男性为主，平均年龄45岁，初中以下文化程度占到50%，大专以上文化程度占17%，这些文化层次较高的人群将成为农业现代化发展的主力军。

二、调研的主要收获

（一）深入基层开展需求调查，提高了气象部门在农业气象服务中的社会影响力

（二）提高天气预报准确率是改善农村气象服务的首要任务

问卷调查结果显示：乡村政府都能及时收到气象灾害预警信息并采取各种手段传达给农民；92.1%的调查对象对气象部门的服务满意或者比较满意。但是调查中也了解到农民对提高天气预报准确率，尤其是较长时间段的准确率寄予了很大期望，7～10天甚至更长时间段的预报，对制定农业生产计划非常有用，此外农民对冰雹、大风、暴雨、霜冻、雪灾等重大灾害性天气预报极其关注。

（三）电视依然是当前农民获得天气预报的主要途径

调查结果显示，从电视、广播获取天气预报的农民比例分别占到88%和24%，从报纸、网络、手机获

得天气预报的不足 20%。从不同媒体的受众年龄分布来看，看电视天气预报的人群年龄偏大，手机应用的人群年龄偏小。因此，在发展新媒体天气预报的同时，应继续提高天气预报节目的权威性、可信度、关注度，增加预报时效，改善气象影视服务质量，形成品牌效应。

（四）各类农业合作社和种植大户应作为精准农业气象服务的主要对象

调查显示 78%的人认为收看天气预报能增加收入，而且大多数人能够接受花钱定制天气预报。适度规模经营的大型合作社和设施农业种植户比个体农民更愿意花钱来定制精准的气象服务，他们的种植规模大、投入高，因此需求意愿更强烈。

（五）天气预报手机短信依然可以作为农业气象服务的重要手段

黑龙江省地域辽阔，多数农民在田间劳作时既看不到显示屏也听不到大喇叭，农忙时很晚才回家，电视天气预报固定的播出时间也经常错过。手机是农民田间劳作携带的唯一电子产品，而且手机短信不受时间地点限制，每月 2 到 3 元钱，也是农民能够接受的心理价位。但是目前只有 15%的农民使用手机短信天气预报，因此应加大宣传力度，大力发展手机短信定制业务，使其成为农民获取天气预报的重要补充。

（六）关键农事季节的针对性农业气象服务需要进一步加强

调查发现，农民更关注春播期、秋收期、夏季铲趟期的天气变化，而春播期和秋收期的关注度要高于夏季铲趟期。整体来看对天气预报的时效性需求是按照 1～3 天、5～7 天、10 天、一个月的顺序逐渐递减。但对于 10 天与一个月或一个季的预报，政府管理者或种植大户的需求要高于农民 10%以上。因此，在关键农事季节，针对不同需求主体制作相应的服务产品，才能使农业气象服务真正实现“需求牵引”的目标。

三、当前现代农业气象服务存在的突出问题

（一）农业气象服务产品的针对性不强，精细化程度不够

农业气象服务多数以预报代替服务产品，24 小时、72 小时常规天气预报或农用天气预报已经难以满足需求；新型农业生产主体的作物种植品种和种植面积分类更加清晰，需要的天气预报类型更精细，目前还不能根据不同作物不同生育阶段对光、热、水的不同需求提出具有针对性的、可操作的预报服务产品；服务产品的对策建议部分与农业生产实际不符，针对性不强。

（二）现代农业，尤其是设施农业气象监测能力不足

相对于现代化设施农业的快速发展和其对农业气象服务的特殊需求，设施农业气象服务监测能力仍然不足。目前绝大多数温室设施缺乏自动化监控系统，缺乏设施农业气候监测网络和远程服务管理。同时，对环境因子对作物生长发育的影响机制、作物生长模拟等方面研究不够深入，缺乏有效的环境管理模型，环境控制技术智能化水平低，同时气象部门针对设施农业生产发布的气象预报要素单一，缺乏针对性的监测预警指标的创新。气象服务能力不能满足迅速发展的设施农业对气象信息服务的实时性要求，因而大大削弱了设施农业的防灾、减灾能力。

（三）现代农业气象科普宣传不到位

缺少深入村屯加强气象科普知识的宣传，现有的农业气象科普宣传的形式和内容流于简单化、图片化。虽然建设了一定数量的气象电子显示屏、农村气象大喇叭和农村气象信息服务站，但发布的内容单

一、手段落后、集约化不高，这些发布手段在农业气象防灾减灾中的效益还没有得到完全发挥。农民对气象部门目前都有哪些为农服务产品，以及从什么渠道获取这些产品了解不足，即使获得了农业气象服务产品（主要是天气预报）具体怎么与实际生产更好地结合起来也有不明晰的地方。

（四）保障现代农业气象服务的技术支撑能力不足

气象服务业务缺乏客观、适用的技术方法和应用软件，农业气象服务的客观化和系统化程度不高，致使服务产品定量化和客观化程度不高，科技含量不足。这种现象在直接面对农业生产服务的基层气象部门表现尤为突出，主要表现在基层气象部门为现代农业服务的办法有限、针对性不强、创新意识不够、墨守成规的多，农业气象灾害的监测预警和应急处置能力依然偏弱。因此，大力提升气象为现代农业服务的保障能力将是今后重点任务。

四、保障黑龙江现代农业发展的新型气象服务对策建议

（一）再造现代农业气象服务流程

黑龙江省现代农业气象服务流程不仅是国家、省、市、县（乡、村）气象服务职能的调整、业务布局的优化、服务流程的完善，也是进行流程再造。从核心流程再造，到保障流程和管理流程再造，实现从气象服务提供主体到服务用户的“端到端”的气象服务流程。

（二）明确现代农业气象服务渠道

省、市、县以气象机构为主的气象服务，通过省级电视台、中国天气网省级站、气象局官网、手机天气APP、手机短信、微博微信、12121声讯电话、QQ群、微信朋友圈、多媒体天气预报预警终端等渠道，及时发布公众天气预报预警、农用天气预报及预警信息，实现公众气象服务的高时效、广覆盖；通过与企业、专业用户的合同关系，依托国家和省级的技术力量实现专业服务的精细化、针对性。乡气象信息服务站和村气象信息员、气象志愿者等社会力量，利用县气象局的农业气象服务信息，通过大喇叭和显示屏向广大农民提供服务。

（三）完善精细化的系列服务产品

满足现代农业气象服务需求的系列化服务分三个层次，一是满足现代农业生产的基本需求，气象防灾减灾和粮食丰产丰收的基本气象服务。根据付费意愿，分别做好农民公众气象服务产品的发布及针对企业、合作社等团体商业化气象服务新产品的开发与服务。在开展新型农业生产和经营主体的直通式气象服务需求调查基础上，重点在春耕生产和收获贮运等关键期，增加1～7天的精细化预报，8～15天的趋势预报，更加注重转折性天气预报、病虫害预报，为施肥、喷药等关键农事活动提供精准气象服务。二是满足优质高效生态安全的现代农业发展需要的气象服务，开展优质农产品气候品质认证。增强为农服务的工作力度，也是增加农民收入的一条有效途径，由于消费者对农产品的需求已由“量”转为“质”，不但对农产品的质量安全问题提出了更高的要求，也对农产品生长环境提出了更高的要求。通过农产品气候品质认证，把天气气候对农产品品质影响的优劣等级做评定，消费者可以通过查看气候品质认证标志方便快捷地了解到农产品种植基地周边的气候环境情况。三是提供满足农业气象灾害风险管理、气象灾害风险转移需要的气象服务，开展农产品天气指数保险气象服务，并可通过第二、三层次的气象服务获得收益，可以考虑从农户收入增量部分取得收入，如果受灾可减免付费。

（四）打造现代农业气象服务品牌

基于电视依然是农民获取天气预报的主要途径这一现状，通过权威的系列品牌，如通过“龙江气象传

媒”气象影视品牌，形成全省统一形象、统一设计的品牌天气预报栏目，实现省、市两级电视天气预报节目制作的集约化，共享气象影视节目素材。通过“龙江气象”微博、微信树立气象服务的权威性，增强气象服务品牌意识，形成全省气象微博的矩阵化发展。

（五）强化现代农业气象服务的技术支撑能力建设

从构建集成气象观测与预报数据的“气象数据云”入手，形成集约天、空、地一体化气象数据的云平台数据服务集，从而形成面向应用的气象大数据分析与服务基础设施平台——黑龙江农业气象服务云平台，强化现代农业气象服务领域的大数据应用能力。依托农业气象服务云平台，集成黑龙江气象大数据服务的运营能力、控制能力、数据分析能力与信息存贮能力，实现农业“行业数据资源”与“气象信息资源”的融合，利用遥感技术、GPS 技术、定量数据分析技术等向行业目标用户提供集成信息与通信的“一体化”为农气象信息服务，达到提高现代农业气象服务的针对性和有效性的目的。

（六）加强现代农业气象服务科普宣传教育工作

编写适合农村特点的、通俗易懂的气象预报运用、气候资源利用、种养业气象服务指标、避雷防雷技术等气象科普宣传教材。启动气象信息“进村入户”工程，通过广播、电视、报纸、手机应用、互联网等现代农业气象服务渠道以及专题资料、墙报、现场咨询活动等手段不断加强气象科普知识的宣传；组织气象专家到学校做科普讲座，组织学生参观气象科普基地、参观气象部门，做到科普宣传从娃娃抓起。农业气象科普宣传工作从内容到形式实现系统化、科学化和集约化。

京沪粤气象现代化建设调研报告

刘 聪 张耀军 刘文菁 解令运 严明良 于庚康

（江苏省气象局）

一、京沪粤气象现代化试点工作基本情况

2011年10月，中国气象局党组决定在江苏、上海、北京、广东四省（市）进行率先基本实现气象现代化试点。京沪粤两市一省高度重视，大力推进气象现代化建设。

（一）省部合作，部门协同，形成政府主导推进气象现代化的合力

1. 气象现代化建设纳入政府工作部署

两市一省人民政府均与中国气象局签署气象现代化建设合作备忘录。省（市）及地级市政府出台指导意见或实施方案，召开推进工作会议，明确目标，部署任务，制定考评办法，把气象现代化工作纳入政府工作，写入政府工作报告，纳入本地经济社会大局，统一部署、统一推进、统一考核。政府印发气象工作“十二五”发展规划，将气象工作列入当地的国民经济和社会发展“十二五”规划，此外，还设立了一些专项规划。

2. 形成齐抓共推气象现代化良好格局

北京市四套班子齐抓共推气象现代化工作，印发《关于加强本市城乡社区综合防灾减灾工作的指导意见》等十余份相关文件；市人大把气象灾害防御条例列入立法规划；市发改、财政、国土、住建等部门共同支持，市预警气象中心建设用地、资金落实，人工影响天气综合科学实验基地项目落地，区县政府负责气象台站业务用房和观测场新建、还建、改扩建用地选址及征地拆迁，市发展改革委和区县政府按照1∶1比例解决台站基础建设资金；市广电、通信、水务、园林绿化局利用资源优势，在预警信息发布绿色通道建立等方面对气象现代化任务落实提供协助和支持。广东省时任书记汪洋和现任书记胡春华到气象部门专题调研，作出批示，省人大将气象灾害防御条例列入广东省生态文明领域立法首选项目，气候资源开发利用和保护条例列入立法规划；18个地市主要领导与省气象局共商现代化建设；发改委、财政、国土、住建、交通、环保、海事等部门协同支持与合作，形成“党委领导、政府主导、部门合作、社会参与”推进格局；省气象灾害监测预警中心开工建设；省政府投入1100多万元，建成应急气象频道机房和高清演播室，应急气象频道免费进村入户。上海市政府每年召开气象工作会议，敦促气象现代化工作落实，市政府常务会议和市委常委会听取专题汇报，协调重要工作落实，市突发事件预警发布中心建成运行，新业务大楼搬迁投入使用，区县落实重点建设项目52个，恢复徐家汇观象台、上海海洋气象暨台风预警中心（二期）建设方案落实。

3. 绩效考核、上下协同保证工作进度

两市一省政府将气象现代化建设作为政府工作的重要内容，建立工作通报制度和监测评估考核体系，形成倒逼机制。

（二）部门努力，强化支撑，气象业务现代化取得显著进展

1. 预报精准化程度得到提高

两市一省开展了大城市精细化、海洋气象精细化和省、市、县流程集约化试点，注重基于数值预报应

用的业务技术支撑，搭建了基于数值预报信息的业务应用、支撑平台，推进一体化预报业务技术支撑平台开发，广东400万亿次、北京90万亿次、上海50万亿次高性能计算机投入业务，气象数据计算处理能力明显提高，提高了工作效率和预报预警准确率。

2. 气象探测能力明显增强

两市一省完成国家气象站能见度自动化观测建设，实现乡镇自动站全覆盖。积极开展特种观测业务，如建立臭氧、黑碳、PM2.5、涡动通量等观测系统。开展了气象信息网络升级提速，实现观测资料分钟级到市县、达桌面的应用时效，广东的省市接入速率达到了1 GB/s，市县接入速率达到了50 MB/s。

3. 气象科技创新体系得到强化

两市一省均重视科技创新和队伍建设对事业发展的支撑作用。进一步改善人才队伍结构。

4. 气象服务水平继续提升

两市一省积极探索"政府主导，气象部门实施，部门与企业合作、社会参与"的气象灾害应急防御模式，政策法规明确气象部门在灾害防御中的定位，均以建设突发事件预警信息发布系统为抓手，以农村气象灾害防御体系、气象安全社区创建为切入点，强化气象灾害防御体系建设，出台防御规划、应急预案，开展气象灾害风险普查、灾害风险区划，普及防御知识，制定防御管理办法和建设标准，落实灾害信息发布、气象灾害防范能力的认证、培训考核等实施方案，气象灾害预警应急防御能力得到加强。

(三)解放思想，打破条框，探索创新机制保障可持续发展

1. 探索解决机构、人员配置不足问题

广东省针对基层气象机构人员编制少(只有7～12人)，政事一体，难以分离，难以适应国家改革的实际，利用中央落实县级气象机构公务员编制及县级气象机构综合改革契机，省、市、县政府在气象局设立突发公共事件预警发布中心、气象防灾减灾指挥机构办公室等地方气象机构，落实地方人员编制，配备公益一类事业人员，有效解决政事分离和人员不足的矛盾，目前，全省设立109个地方机构，增加1373个地方编制，已成立机构的地级市平均20.5个地方编制、已成立机构的县平均12.9个地方编制。适应简政放权的改革要求，申报成立广东省气象防灾减灾协会，作为承担气象部门转移的行政审批事项的社会组织。北京市在未设气象机构城区健全气象机构或确定气象服务对口联系机构，通过突发事件预警信息发布中心建设、区县设立气象灾害防御中心、人工影响天气工作机构等方式配备气象灾害防御地方机构、人员编制，市编制办明确市突发事件预警信息发布中心和区县人影人员编制的解决方案。上海市明确建立中心城区服务机构，迪斯尼气象台正式成为驻区机构，通过政府购买服务方式解决机构和人员不足问题。

2. 积极健全公共财政保障机制

两市一省根据气象部门中央和地方事权难以完全分割的实际，落实双重投入机制。广东省在部分市县落实气象经费政府全额统筹，收支两条线管理，基本经费中央不足部分由地方补齐，重大项目经费中央与地方配套落实，2012年广东全省气象部门的地方财政投入增长26.2%，省级财政增长39.1%。上海市在弥补气象事业基本运行中央经费不足差额的同时，将地方气象事业基本支出全额列入政府预算，将突发公共事件预警中心、健康与气象重点实验室、气候变化研究中心、气象装备保障、编外人员支出纳入政府购买服务内容，2013年政府购买服务经费达6750.96万元，较2012年增加25.7%。北京市政府弥补人员经费补贴，台站运维经费中央不足部分由市、区两级财政承担，纳入本级年度财政预算，并将基层气象台站能力建设调整为地方投资，全部落实人影作业炮手补贴，2013年地方资金增长了30%。

二、启示体会与思考

一是政府主导，省部共建，为气象现代化建设提供保证。两市一省地方党委政府高度重视，将气象现

代化建设作为政府提供基本公共服务和履行社会管理职能的重要内容，纳入规划、纳入财政预算、纳入工作部署，纳入政府考核，努力发挥气象工作先导性、基础性作用，形成政府推动、齐抓共管、上下联动互动的推动合力，为气象现代化建设提供了有力保证。

二是努力探索，不断实践，气象现代化内涵得到丰富。两市一省均在启动之初，建立了结合当地的气象现代化建设指标体系，在实践中不断深化对气象现代化的认识，重视阶段性总结，凝练形成再认识和新举措，使气象现代化内涵更加丰富。

三是科技支撑，改革促进，为气象业务发展提供动力。两市一省均把提升业务能力作为气象现代化的核心内容。不断加强气象观测、预报预警、服务等领域关键技术问题攻关研究，重视新技术新方法的引进、消化、创新，重视创新团队建设，适时优化观测、预报、服务业务流程、布局，促进了气象探测能力的提升，促进了预报预测准确率和精细化程度的提高。

四是正视问题，打破束缚，为气象可持续发展提供保障。气象部门存在气象事业基本运行和建设投入中央与地方事权不清，中央投入不足，地方配套难落实，相当一部分经费靠自筹，基层气象机构人员编制短缺严重，政事难以分离等长期困扰，影响可持续发展的问题。两市一省面对实际，打破“中央军”“地方军”的条条框框，创新工作和公共财政保障机制，采取不同方式，解决人手不足，经费不保等问题，不同程度地对气象可持续发展提供保障。

五是夯实基础，重视基层，是实现气象现代化的前提。两市一省推进气象现代化过程中，着力推进基层气象现代化，通过健全气象防灾减灾机构，推进政府购买公共服务等方式，实施省、市、县一体化平台建设，为解决基层“经费保障不到位”“人手不足”“能力不够”等问题提供了借鉴。

思考两市一省气象现代化工作，还存在以下问题：一是一些市、县政府认为气象现代化是气象部门的事，主导作用发挥不够，合力还未完全形成；二是气象基础条件和满足社会需求的能力亟待加强；三是各地气象现代化水平发展不均匀，有些市、县离目标差距仍然较大；四是气象制度保障能力较弱，特别是地方公共财政保障机制不健全，政策落实不到位，基层可持续发展矛盾突出。为此，提出几点建议。

(一)进一步发挥政府主导推进气象现代化作用

各级政府和有关部门需进一步加强对气象工作的领导，立足经济社会发展全局，采取更加有力的措施，齐抓共管，落实省(市)政府气象现代化工作部署，联席研究解决推进中遇到的困难，将其纳入政府绩效考核，确保加快气象事业发展的各项措施落到实处。进一步丰富气象现代化的内涵，修订完善气象现代化指标体系，加强进程监测评估，发挥好指标体系对推进气象现代化建设工作的考核、导向作用。

(二)加快台站基础条件和气象业务能力建设

加快推进“十二五”规划项目建设，切实改善台站基础条件，落实项目市县配套建设资金，以项目带动全省气象现代化建设。进一步明确市县在台站迁建、改造用地、建设资金投入中的职责，强化政府在气象探测环境保护中的责任，尤其要加快省(市)气象灾害预警与应急中心和基础条件落后、观测环境遭到严重破坏台站的搬迁改造进程。继续加快完善气象监测网络，加强气象监测预报及气象服务省、市、县一体化平台建设，不断提高监测预报准确率和精细化水平。

(三)增强气象科技创新对业务发展的支撑力

加强气象科技创新团队建设，加大气象科技创新的投入，将气象科技创新纳入政府科技发展规划、科技支撑计划，将气象人才培养纳入政府高层次创新人才引进培训计划。进一步利用好京沪粤气象人才高地的优势，协作协同，围绕气象业务发展关键科学技术问题，开展攻关，促进科研成果向业务能力转化，促进气象科技向高层次、宽领域发展。

(四)创新理顺气象事业可持续发展保障机制

针对两市一省特别是基层气象事业可持续发展面临的突出问题,健全气象事业发展双重财政机制,将气象事业基本支出不足部分纳入各级地方公共财政预算,将气象能力建设纳入各级政府项目预算。探索政府购买服务方式,将突发公共事件预警中心、人工影响天气作业、气象装备保障等支出纳入政府购买服务内容。进一步完善地方气象机构,落实政事分离改革政策,更加有效保障气象事业可持续发展。

(五)重视推进县级气象机构综合改革

通过政府和部门共同推进,夯实气象现代化基础,理顺县级气象机构政事关系、提高效能,强化县级气象机构公共服务和社会管理职能,提升气象防灾减灾工作水平。建立健全突发事件预警信息发布中心、防雷减灾中心、人工影响天气中心等地方气象机构,通过政府购买服务等方式解决人员不足矛盾。进一步优化现代气象业务布局,建立新型县级气象综合业务,通过上下联动支持,协同发展,提高县级气象业务能力和整体水平。

安徽省县级气象机构综合改革进展情况调研报告

胡 雯 吴建平 周述学 洪 伟 黄远山

（安徽省气象局）

一、安徽省县级气象机构综合改革进展情况

2014 年安徽省局将县级气象机构综合改革工作纳入全面深化气象改革重点任务之中，并将安徽省气象局县级气象机构综合改革领导小组及其办公室并入安徽省气象局党组全面深化气象改革领导小组及其办公室，2014 年 8 月，省局对《县级气象机构综合改革实施方案》主要目标、重点任务等落实情况进行了检查评估。

（一）设置了政事分开的管理和业务机构

全省 62 个县级气象局按照“政事分开”要求设置了管理机构和业务机构，管理机构分别为综合管理科（办公室）和防灾减灾科；直属业务单位分别为县气象台（气象观测站）和县气象服务中心，机构规格为副科级。完成了机构和编制重新核定调整，以及县级管理机构 227 名参公管理人员培训、考试、登记、审查、备案等工作。

（二）推进了气象业务服务集约化进程

完成了地面观测业务调整改革，取消了人工和自动观测双轨运行，实现了主要地面气象要素自动化观测，减轻了基层业务人员劳动强度。调整了省、市、县预报预警业务分工，“安徽省综合观测数据应用平台”“气象预警信息一键式发布系统”和“安徽省短临预警（报）系统”等县级综合气象业务系统投入应用。部分气象科技服务项目向省、市进行了集约，在一定程度上减轻了县局人少事多的压力。

（三）进一步强化了气象公共服务和社会管理职能

一是在政策法规上强化了气象防灾减灾、应对气候变化等社会管理和公共服务职能。2014 年 9 月，安徽省第十二届人大常务委员会第十四次会议审议通过《安徽省气候资源开发利用和保护条例》，自 2014 年 12 月 1 日起施行。《安徽省气象灾害评估办法》被确定为 2014 年省政府规章实施类项目，也有望在年内出台。法规规章固化了气候可行性论证、气象灾害风险评估等重要法律制度。在政策层面上，省政府专门成立了安徽省全面推进气象现代化暨人工影响天气工作领导小组，并将气象防灾减灾工作纳入省政府目标管理绩效考核。结合行政审批体制改革，将省一级的气候可行性论证、人工影响天气作业组织资格许可、大气环境影响评价使用的气象资料审查等权力下放到市县气象主管机构。省局还下发了《安徽省市、县气象行政执法体制改革方案》，全面启动了市县气象行政执法体制改革。二是县级气象防灾减灾体系得到了完善。全省 62 个县级政府均批准成立了气象灾害防御管理局，与县气象局一个机构、两块牌子。80％乡镇建立了气象灾害防御管理所，气象灾害防御规划和应急预案实现全覆盖，60％县气象灾害防御纳入政府绩效考核。与 27 个部门建立了气象灾害应急响应机制和信息共享机制，建成气象信息服务站 1.4 万多个，发展基层信息员 4 万多人、气象灾害防御责任人 15 万人；建立了重大气象灾害预警手机短信全网发布机制。

(四)初步建立了气象公共财政保障和多元用人机制

各县通过气象现代化、人工影响天气、基层台站基础设施、气象监测预报、气象预警及信息发布、气象综合信息服务站、气象为农服务等业务建设和业务运行维持经费纳入财政年度预算,强化地方公共财政保障,部分县局还通过政府购买服务方式解决人员经费缺口,全省2013年地方财政投入总数为3548.53万元,县均57.23万元,最多387.34万元,最少0.2万元。全省争取地方编制209名,目前人员到位2名,利用自有资金聘用人员249名,初步建立了多元用人机制,并通过人才交流机制,采取上挂下派方式,实现上下交流,多岗锻炼,激发了基层干部队伍活力,提高了基层干部队伍素质。

二、综合改革中存在的主要问题

(一)地方机构与编制未能真正落实

批准成立的气象灾害防御管理局,与县气象局"一个机构、两块牌子",地方编办仅下发了文件,但人员编制未能真正落实。设置的办公室和防灾减灾科,其人员多为兼职,人员混岗现象较为普遍,事业单位法人登记大多数未完成。

(二)县级气象业务一体化建设进程缓慢

顶层设计不够,业务、服务综合化、集约化程度低,"业务一体化、平台集约化"的机制尚未建立,省级技术支撑不足。

(三)县级气象机构依法履职能力不足

政府依法主导气象事业发展的各种工作机制尚不健全,公共气象服务社会化程度低,气象服务多元化提供机制未能建立,公共气象服务均等化水平亟待提高;随着气象服务市场化、行政审批制度改革的推进,事中、事后社会管理难度加大,依法履行气象社会管理和市场监管的能力严重不足。

(四)公共财政保障机制不健全

地方财政预算资金总量明显不足且不均衡,长效机制尚未健全,公共财政保障机制未能真正建立。

三、下一步工作思路和建议

(一)进一步强化县局综合改革组织领导

加强组织领导,将县级气象机构综合改革纳入全面深化气象改革和全面推进气象现代化的总体部署,将工作责任重心"上移"。强化顶层设计,省局各职能处室要根据职能划分,强化业务科技、社会管理和公共气象服务体系的顶层设计,组织制定和完善相关配套政策措施,加大指导和推进力度。强化技术支撑,省局各相关业务单位要为县级气象业务科技和公共气象服务提供技术支撑。加强检查督促,省局全面深化气象改革领导小组办公室要加强对县级气象机构综合改革工作的领导和督查,各县气象局要强化责任落实,采取有效措施,确保加快推进县级气象机构综合改革工作的各项要求得到有效落实。探索管理试点,在宿松、广德、寿县、涡阳、巢湖等5个县级气象局开展省管县试点工作。扩大县级气象主管机构社会管理权限,将下放至市级气象主管机构的行政权力直接下放至试点县,统筹执法资源,试点县行政执法工作由省执法总队为主,县局配合。业务上实行"扁平化"管理。

(二)全面推进综合气象业务一体化建设

全面推进省局开发的“安徽省县级综合业务系统”(以下简称“业务系统”)应用,实现“综合观测”“预报预警”“公共服务”三个业务单元的有机整合,提升县级综合业务岗的履职能力和水平。省级相关业务单位通过“业务系统”,为县级综合业务提供基本气象数据产品、精细化预报预测和灾害性天气短临预报产品,以及决策气象服务、公众气象服务、农业气象服务所需的各类指导产品,加强重大天气过程预报和服务会商,对预警信号发布实行监控、提醒,并通过“业务系统”实现对县级综合业务的考核、管理。2014年,完成“业务系统”开发、培训,实现基本业务运行;2015年,完善“业务系统”的信息发布功能,并实现自动进行监控、考核和管理;2016年,实现96121等服务产品在“业务系统”上的制作,并与相应系统对接,完全取代县级综合业务岗所有工作。

(三)依法全面履行气象行政管理职能

清晰政事企界限,建立县级气象主管机构权力清单和责任清单制度,厘清行政权力事项,编制权力清单和对应的责任清单,规范行政许可行为,做到权责一致。以气象防灾减灾工作纳入省政府绩效考核为契机,推动气象发展规划融入地方社会发展规划、气象灾害防御纳入县级政府绩效考核,推进各级政府将公共气象服务和社会管理工作纳入本级政府的基本公共服务和社会管理体系。加强县级行政执法队伍建设,设立专门的气象行政执法机构,配备专门执法人员,健全行政执法人员持证上岗制度,全面落实行政执法责任制和过错责任追究制。建立气象行政执法常态化机制,加大对气象灾害防御、气象预报发布与传播、气象资料共享、气象探测环境和设施保护、施放气球、气候可行性论证等行为的事中检查和事后稽查的力度,及时制止、纠正和查处气象违法行为。探索综合执法模式,加强与规划、建设、消防、安全生产监督等部门的合作,完善执法协作配合机制。强化气象服务市场监管职能,探索建立多部门联合监管机制,加强事中事后监管。实现执法重心下移。

(四)建立公共气象服务多元供给机制

建立适应需求、快速响应、集约高效的新型县级公共气象服务多元供给机制,巩固县级气象机构公共气象服务主体地位,坚持灾害性警报统一发布制度,强化决策气象服务属地负责制,提升县级公众气象预报、灾害性气象预警、决策气象服务、气象为农服务,以及防雷减灾服务能力。积极培育基层社会化服务组织,发挥好社会服务组织在气象信息传播、人工影响天气作业、气象科普宣传等方面的作用。打破专业气象服务属地原则,发挥市场机制作用,培育市场主体,大力推进政府购买公共气象服务,逐步实现气象服务供给主体和供给方式多元化。

(五)进一步完善公共财政保障机制

建立事权和支出相匹配的公共财政保障机制,完善气象事业地方公共财政投入和财政预算稳定保障机制。将从事公共气象服务的聘用人员经费,以及气象防灾减灾、人工影响天气、为农服务等地方气象事业建设及维持经费纳入当地财政预算。推进政府购买气象服务长效机制建设,将适合采取市场化方式提供、社会力量能够承担的公共气象服务纳入政府采购目录。2015年,县局地方财政常规预算不低于20万元,总投入不低于40万元;2017年前建立气象事业地方公共财政稳定保障机制以及政府购买气象服务长效机制。

(六)明确岗位设置和完善用人机制

建立以任务为核心的人事管理制度,分类实施县级气象机构设置和人员配备,适当调整县级气象机构内设机构职能,将综合管理科具有的部分社会管理职能调整至防灾减灾科。继续争取地方人员编制,并尽快将人员落实到位。2014年年底前,综合管理科必须有一名专职人员,减灾科必须有两名专职人员到位，综合业务岗设置 2 个岗位，实行 24 小时轮岗，在人工观测项目没有完全实现自动化之前，可增加副班岗位，再相应增设 0.5～1 个岗位。近期，各县局根据实际需要，聘用 3～5 人，充实到相关岗位，经费由政府购买服务或自有资金承担。到 2017 年底，县级气象机构人员总数要达到 20 人左右，经费以中央、地方财政等方式承担。

环境气象业务发展现状调研报告

丛春华　吴　炜　孟宪贵

（山东省气象台）

一、调研背景

全国气象部门开展环境气象业务已一年有余，为总结前期发展经验、梳理问题、分析挑战、谋划未来发展策略，山东省气象台组织了调研。此次调研采取了实地业务交流调研和书面调查方式，共分发调研表 24 份，实地调研交流三省（江西、河北和吉林）、两直辖市（上海和北京）和国家环境气象中心。内容涵盖了当前环境气象业务所涉及到的大部分内容，包括监测、业务布局和分工，关键技术研发及成果应用、预报预警业务流程、预报检验、专业化团队建设以及与环保部门合作方式等。

二、环境气象业务发展现状分析

（一）各级环境气象预报业务初步建立

1. 建立了统一的环境气象业务相关标准

统一了雾霾等级标准。在原有雾、浓雾、强浓雾分级的基础上增加大雾等级，雾的等级划分标准按《雾的预报等级》国家标准执行。2013 年新修订了霾预警标准，分为霾、中度霾、重度霾和严重霾，并规定霾的预警信号暂时执行降级发布。目前，全国雾、霾预报预警工作皆基于上述雾霾新等级标准执行。

规范了空气污染气象条件等级和重污染预警信号标准。

2. 全面开展了环境气象预报预警业务

国家气象中心和全国各省（自治区、直辖市）气象局均开展了环境气象预报预警业务，包括空气污染气象条件等级预报，雾、霾的预报和预警。国家级及大部分省（自治区、直辖市）与相应环保部门联合开展城市空气质量预报（AQI），并发布重污染天气预警。但不同省份，环境气象业务的承担单位不尽相同（见表 1）。

表 1　不同省份环境气象业务承担单位

具体承担单位	省（自治区、直辖市）
气象台	宁夏、云南、河南、辽宁、新疆、吉林、天津
科研所	广东、新疆、辽宁、吉林、天津
预警中心	中央台、北京、上海、广、河北

3. 规范了环境气象业务流程

国家级环境气象业务流程得到优化。一是为加强对全国雾、霾天气预报的业务指导，自 2014 年 1 月 10 日起，国家气象中心在原有灾害性天气落区指导预报的基础上，调整了雾落区预报内容，增加了霾落区预报产品，并通过中国气象局卫星数据广播系统（CMA－Cast）向全国发布国家气象中心调整及增加的雾、霾落区指导预报产品。二是新修订的《国家级空气质量预报业务暂行规范》调整城市空气质量预报业务，明确国家级和省级业务流程。从 2014 年 2 月 17 日起，国家级空气质量预报业务由中国气象局公共气象服务中心正式划转到国家气象中心，国家气象中心负责制作全国地级以上城市 6 种污染物浓度和空气质量指数（AQI）预报指导产品，通过国家气象中心基础产品库下发至省级气象部门。

国家级—省级业务交互流程已经规范。依据中国气象局环境气象业务相关规定，国家级指导、省级订正的业务流程已经建立并业务化运行。

（二）重污染预警联合发布机制初见成效

中国气象局与中国环保部、大部分省（自治区、直辖市）气象局和省环保厅以及地市气象局和市环境监测站之间已经初步建立了重污染天气联合预警发布机制。山东省将重污染应急纳入政府应急预案，由政府办公厅印发《山东省重污染天气应急预案》，成立副省长任组长的山东省重污染天气应急工作组，省气象局作为牵头“预报预警组”，政府主导、部门联动的工作机制更加完善。

（三）大气环境监测数据实时共享已经部分实现

山东、河北和上海等省（自治区、直辖市）已经和环保厅实现部门间环境气象资源共享，调研省份中，大气环境质量监测资料获取情况如表 2 所示。

表 2　不同省份气象部门大气环境监测数据共享方式

共享方式	省（自治区、直辖市）
与环保厅实时共享	河北、上海、江苏、广东、辽宁、宁夏、天津
从环保部网站下载	新疆、云南、中央台、北京市、吉林

（四）关键技术研发取得一定进展

调研发现大部分省（自治区、直辖市）正在积极开展环境气象关键技术支撑研发，采取边应用、边检验的方式，一些新技术\新方法被及时应用到业务中。部分基础良好的省（自治区、直辖市）环境气象业务科技支撑能力建设取得显著成效。

1. 国家级研发进展

目前中央台研发并下发了全国空气质量指数指导预报、全国空气污染气象条件指导预报产品。研发了静稳天气综合指数和传输气象条件指数，制定了空气污染气象条件国家标准。

2. 区域级发展情况

以京津冀环境气象预警中心为例。目前中心已经初步开发了集监测、预报预警制作、产品发布等功能的预报平台，建立了包含客观预报指导产品、预报产品、预警产品和决策服务产品在内的产品体系，基于 WRF－Chem 模式的 BREMPS 数值模式已经完成升级并业务化运行，基于本地中尺度模式开发了逆温层高度、小风区、海平面气压距平值、空气滞留区等空气污染关键气象条件客观分析产品，针对空气污染气象条件开发了客观静稳指数分级法、支持向量机（SVM）方法等客观预报方法；针对雾、霾预报开发了模式预报、KNN 数据挖掘方法等预报方法。

3. 省级发展情况

以山东省为例，山东省气象局成立重污染天气预报预警关键技术攻关小组，分析了 2008 年以来山东重污染天气概况，对易于出现重污染天气的天气环流进行了分型统计及分析，分析了影响空气污染扩散的关键气象要素以及重污染天气机理，研发了雾、霾和污染气象条件等级预报客观方法和产品，建设完成山东省环境气象业务平台。山东省环境气象基本实现污染监测实况、预报预警、关键技术支撑的全省省、市、县三级实时共享。

4. 数值预报系统建设情况

数值预报是环境气象业务的重要基础，在调研的省（自治区、直辖市）中，部分已经实现数值预报系统业务化（见表3）。

表3　国家级和省级环境气象数值预报系统

数值预报模式	省（自治区、直辖市）
WRF－Chem	河南、辽宁、新疆、吉林、天津
WRF－CUACE	中央台＋气科院
GRAPS－SMOKE－CMAQ	广东
CMAQ	河北、吉林
BREMPS	北京

（五）专业化人才队伍建设形成良好示范

以京津冀环境气象预警中心为例。2013年10月16日正式成立，从城市所、气象台、专业台、气候中心抽调相关科研业务人员组建环境气象中心，将分散在气象台、专业台、气候中心、城市所的业务系统和平台整合，实现环境气象业务集约化发展。中心现有人员25人：正式编制人员19人，聘用人员6人。其中，正研高工2人，副研高工9人，工程师4人。设有监测预报服务科（承担日常监测、预报、预警、服务任务）、环境气象研究室（承担技术研发、系统开发、重要决策服务材料策划）、上甸子本底站（承担本底站大气成分与气象业务观测和试验观测与分析）和办公室（综合管理、文秘、后勤等）等机构。

以河北省环境气象中心为例。2014年4月正式成立环境气象中心，设立10个地方编制，共同承担专业数值模式的运行维护评估、环境气象预报预警以及环境业务平台建设等任务。

在调研的省（自治区、直辖市）中，环境气象业务专职队伍（不含其他单位参与研发的人员）数量如表4所示。

表4　调研单位环境气象专职队伍人数

	单位	人数（人）
国家级	中央气象台	20
区域级	上海	12
	北京	25
	广东	6
省级	河北10，辽宁4，宁夏3，新疆4，山东4	

三、存在的问题

（一）综合观测能力明显不足

大气污染物的实况观测数据少、年代短，环保部门监测站与气象观测站地理位置不一致，不能满足业务需求。大部省（自治区、直辖市）尚未与环保部门达成资源共享协议，实况监测数据共享工作有待进一步推进。

（二）科技支撑能力较为薄弱

对空气污染的相关理论知识储备不足，预报的准确性和精细化水平不高，不能满足当前服务的需求。除上海、北京、广东等省（直辖市）有科研积累外，大部省（自治区、直辖市）的环境气象业务属于新起步，科研工作尚待进一步加强和深化，环境气象业务的科技支撑尚需提高和加强。

（三）专业化人才队伍整体不足

北京、上海、河北等省（直辖市）环境气象专业化队伍建设开展较好，大部分省（自治区、直辖市）鉴于种种原因，环境气象业务暂由其他业务或科研岗位兼管，这严重影响了该业务的专业化发展。

（四）部门合作亟待深化

当前环境气象业务技术体系有待进一步完善，部门合作、区域联防机制需进一步加强。大部省（自治区、直辖市）的城市空气质量预报业务及重污染预警业务已经与环保部门建立联合会商和发布机制，但仍有部分省（自治区、直辖市）部门间会商机制有待推进和落实。

四、面临的挑战

（一）社会主体参与度加大

空气污染直接影响公众身体健康，公众关注度高，对社会的广泛参与有较强的吸引力。诸多网站、手机应用已经将空气质量作为服务内容，有的高校在网站上发布大气环境质量数值预报产品，有的科研院所开展了最新研究成果的市场转化。在这种形势下，如果气象部门不能尽快提升业务服务能力、提高科研水平，环境气象职能和社会的影响力将会遭到削弱。

（二）部门间竞争仍将继续

国家体制改革的进程中，气象部门的竞争压力有可能进一步加大。气象资料首先开放形成的信息不对称将削弱气象部门的竞争力。随着历史资料、数值预报产品、实时的气象观测资料逐步向社会开放，外部门的技术实力将得到增强，在跨领域业务技术和服务发展上将更有优势。

（三）国际竞争压力显现

随着全球气象信息开放程度的不断提高和我国气象服务市场的放开，发达国家的环境气象服务已经在向国内渗透。各级气象部门境气象预报精细化程度、准确率等方面与国外的差距将逐渐显现，气象部门的公信力将受到影响。

五、措施和建议

(一)强化资源共享,完善环境气象综合观测系统

1. 积极推进大气环境监测数据部门共享

目前气象部门自有的大气环境监测站点较少,各级气象部门应积极推动与环境部门的信息共享,在一定程度上解决资料缺乏问题。另外,在大气环流影响下,污染物的传输及其分布往往具有跨区域的特点,及时掌握邻近省份大气环境数据,正确分析上下游之间的相互影响对准确预报大气环境质量十分重要,因此,有条件的省份之间应加强大气环境观测数据的共享。

2. 科学布局、加快建设气象部门环境气象监测站网

气象部门现有的气溶胶观测站数量少、观测项目较为单一,建议对这些站点进行升级,并新建大气环境监测站点。

加强与环保部门大气环境监测站网建设的协调。环保部门的站点大多建在大中城市及近郊,气象要素观测不足,而气象站点空间分布较为均匀,气象要素丰富,和环保部门观测资料可形成互补。建议气象和环保部门加强沟通和协商,取长补短,尤其应避免同一地点重复建设情况,这样既有利于双方数据共享,又能保障观测资料能够发挥最大效益。

3. 加强卫星遥感技术研究和应用

大气环境质量监测站点建设成本高,监测值仅为近地面数据,缺乏立体监测。卫星资料具有广覆盖、高分辨率、立体监测的特点,加强卫星遥感和反演技术研究和应用,并将其与地面监测相结合,可以形成较强的空间立体监测能力,为业务科研和服务提供有力的支撑。

4. 建设环境气象综合观测基地

为促进环境气象科研水平的逐步提高,推动技术引进、自主创新和成果业务应用,支撑环境气象业务持续发展,按照业务、科研相互支撑、相互促进的原则,在重点或敏感区域建设环境气象综合观测基地,为大气环境监测、科研提供强有力的支撑。

(二)提高数值预报产品共享水平,加快省级环境气象预报预测系统建设

省级以下气象部门往往不具备建设开发环境气象数值预报系统的条件,但是日常业务分析、预报和服务产品加工又离不开精细化的数值预报产品。目前,国家级和区域级往往将分析产品以图片和MICAPS格式下发,远远不能满足省级加工需求。建议国家气象中心和各区域中心下发原始数值预报产品,为省级以下气象部门更加复杂的、本地特色的产品加工提供支持。

(三)开展全国性、区域性分工协作,增强环境气象科技支撑能力

气象部门从事大气环境业务和科研的队伍整体数量不足,虽然在某些领域处于国内领先,但总体上科技支撑能力较弱,在诸多领域与科研院所、高校、环保部门等存在一定的差距。为了能够更快、更好地实现环境气象科技支撑能力的提升,建议加强科技发展的顶层设计。

分工协作,加快技术发展。规划好国家环境气象中心、中国气象科学研究院以及三大区域中心的科研发展重点,加大经费和人员支撑力度,分工协作,有计划、有步骤推动环境气象科技支撑能力建设。

科学布局,形成发展合力。国家和区域气象部门应着重加强数值预报技术、污染源反演技术,以及相关理论的研究,区域和省级以下气象部门需进一步研究重污染天气监测预警技术方法、空气污染气象条件预报和城市空气质量预报方法,优化环境气象业务平台。

强化“开放”，实现集约发展。加强气象部门内部研究开发技术的开放性，真正实现合作和共享，切实推动技术辐射和共享，进一步强化集约化发展，充分发挥国家级、省级气象部门技术实力，才能推动各级气象部门环境气象业务的整体实力。

(四)加快培养环境气象人才队伍

整合业务，建立专职队伍。目前，部分省份仍然存在环境气象相关业务分散在不同部门的情况，建议将环境气象业务进行整合，形成专职的预报队伍，将人员编制落实到位。

加强环境气象业务培训。目前从事环境气象业务的人员大多基本理论知识较为欠缺、缺乏预报经验积累、新技术应用能力不强，建议将环境气象业务培训纳入中国气象局干部培训计划统一管理，加大培训力度。

推动学科建设，加强人才储备。建议与高校合作，推动环境气象学科建设，并采取委托培养、联合培养等方式，加强该环境气象高层次人才培养，保障环境气象业务和科研快速可持续发展。

基层气象为农服务社会化发展调研报告

崔讲学　张鸿雁　秦承平　王　艳　曹秀霞

（湖北省气象局）

气象服务是气象部门的立业之本，气象服务社会化是推进气象现代化的重要内容。2014 年，湖北省气象局围绕基层气象为农服务社会化发展组织开展了多种形式的调研活动，了解基层气象为农服务的现状、需求和面临的挑战，以及全省社会组织和农村网格化建设的概况，为下一步推进基层气象服务社会化工作奠定了良好的基础。

一、调研基本情况

湖北省气象局采取“请进来，走出去”的方式开展系列调研活动。联合省农业厅赴黄冈市蕲春县就如何利用乡镇农业服务中心开展气象为农服务工作进行调研；分别围绕“培育农业气象服务社会组织”“知农时、懂农事、察农需、接地气”，以及“网格化管理建设情况”主题，组织各市州局深入涉农政府部门和乡镇广泛调研，形成《基层农业气象服务社会化情况调研报告》36 份、《网格化管理建设情况调研报告》17 份；召开部分专业合作社、农业技术推广中心负责人座谈会，针对如何培育气象为农服务社会组织展开调研。

二、基层气象为农服务面临的形势和挑战

（一）基层气象为农服务现状

气象为农服务的主体是县级气象部门所属的业务单位，如气象台、气象服务中心等，主要通过公共媒介提供农业气象信息，针对特定的服务对象开展专业服务；涉农部门、单位和社会组织等主要是应用气象信息。

服务内容主要包括春耕春播、夏收夏种、秋收秋种等关键农事季节的天气预报与生产建议；关键性、转折性及重大灾害性天气过程的预警信息及生产建议；农用天气预报，大田作物和林果等特色产业关键生育期气象条件分析及生产建议；重大气象灾害的灾情评估及对策建议；干旱、病虫害的监测评估预警气象服务；中长期天气气候预测预报及生产建议；农村气象防灾减灾科普宣传等。此外，部分台站还因地制宜开展水稻、油菜、棉花等大宗作物，西瓜、烟叶、茶叶等特色作物，甲鱼、小龙虾、四大家鱼等水产的农业气候影响和生产建议。

（二）气象为农服务需求分析

从调研情况看，各地气象为农服务的需求较为旺盛，可以概括为“三提高”和“一扩大”，即：一要提高预报准确率并尽可能延长预报时效，二要提高服务产品精细化程度，三要提高服务的针对性，以及扩大特色气象服务的范围。

（三）基层气象为农服务面临的挑战

随着现代农业和农村新型经营主体的发展及其生产方式的转变，基层气象为农服务面临诸多

挑战：一是基层业务人员尤其是农业气象服务专业技术人才比较缺乏；二是现有农业气象系统、指标、产品和服务体系满足不了多样性种植业服务的需要；三是服务方式满足不了特色农业发展的需要，精细化、即时性气象服务方式还不够。此外，部门信息共享，特别是基层农业气象信息收集反馈等机制还比较薄弱。

三、湖北基层涉农社会组织现状

（一）总体情况

调查发现，基层涉农社会组织以专业合作社、行业协会、农业龙头企业、家庭农场等为主。以荆门为例，已有新型农业经营主体1.5万个，其中注册农民专业合作社3521家，覆盖荆门所有59个乡镇1380个村。合作方式有资本合作、土地合作、生产合作和技术合作等；分配方式有分红、返利、增股、领现等，机制灵活；全省有“以钱养事”的农技推广中心（农业服务中心）、种子站、水产站等960多个，还有大中专院校、科研单位向下延伸的服务组织、合作组织等。这些机构类型不同、运行机制不同，对气象服务的需求也不同。

（二）乡镇农业技术推广中心

除恩施州和少数几个县外，全省其余县（市）每个乡镇均有农业技术推广中心，属于“以钱养事”的民办非企业组织，接受县农业局和乡镇政府的共同管理。经济条件好的地方，有3～5人的农业专业技术人员队伍，有固定办公场所和业务设备，有较完整的服务体系，有明确的工作任务，中心工作人员向镇村干部、专业合作社、示范户及辐射户传递技术信息，开展病虫害防治、农业技术推广培训，农业生产过程指导等，通常每位技术人员负责指导10～12个农业科技示范户。

（三）专业合作组织

广泛存在于农村、植根于农业。有水稻、小麦、棉花、玉米、油菜等大田作物的合作社，有农业机械、水产合作社，有茶叶、烟叶、香菇等经济作物合作社，种类多、分布广，规模不一。一般以“合作社＋农户”“公司＋基地＋农户”“合作社＋公司＋农户”等形式组织，按照国家专业合作社运作。在这些组织中，合作社、公司等与农户签订合同，入社自愿、退社自由、民主管理、利益共享、风险共担，把分散经营的农户联合起来，为农户提供广泛的产前、产中、产后全程式服务或形成生产、加工、销售联合体，产生规模效益。

（四）优势分析

乡镇农技推广中心优势：一是机构、人员配备、办公和业务条件有一定基础；二是业务人员专业水平较高，可以指导生产；三是有一条成熟、高效的信息传递渠道和服务途径；四是政府和农业主管部门都提供一定的支持；五是业务人员深入田间地头，就在农民身边，应对天气变化影响的速度快，农事建议具体贴切，服务覆盖面广，可以弥补县级气象台站人员少、农事建议针对性不足等问题。

专业合作组织优势：一是组织健全、运行相对规范；二是专业化程度较强；三是效益显著，可以弥补县级气象台站人员专业不完全对口、服务精细化程度不高等问题。

四、调研的主要收获

(一)理清了工作思路

调研发现,现有可以承接政府购买服务的社会组织数量多、种类多、差异大,因此,针对不同组织类型要采取不同培育方式。如对"以钱养事"的民办非企业组织机构,可通过多种渠道争取政府支持,尝试购买服务;而对其他专业合作组织,则应侧重于对方的服务需求,建立互为支撑的共赢机制;在加强部门合作方面,要将农村气象防灾减灾信息与政府网格化管理综合平台对接,以提高气象灾害预警信息的覆盖面和及时性。

(二)明确了实现途径

在前期调研的基础上,湖北作为基层气象为农服务社会化发展探索试点单位之一,按照"试点先行、以点带面,总结经验、逐步推广"的原则,制定了《培育农业气象服务社会组织工作方案、考评细则》和《关于加快推进全省农村网格化气象服务体系建设工作的通知》,确定了"提高气象为农服务实用性、针对性和覆盖面"的目标,明确了培育基层气象为农服务社会组织的实现途径,一是要确定培育的社会组织标准;二是要明确气象部门和社会组织的双方职责,为社会组织提供相关服务产品、系统软件、业务培训等;三是要与不同的培育对象建立不同的合作运行机制;四是要制定相应的考核办法,为后续开展效益评估提供准确务实的依据。

五、加快推进基层气象为农服务社会化发展的几点思考

(一)融入气象为农服务网格化职责

网格化管理平台有服务信息覆盖范围广、综合性强、快捷及时、技术先进等优势。因此,要进一步加强部门联动,完善合作机制。加快农村网格化气象服务体系建设,加强"三个融入"即"系统融入、职责融入、管理融入";同时深入完善政府网格化管理气象预警信息发布系统,重点建立网格员接收、传播、反馈气象灾害防御信息的融入机制和激励机制,完善运行机制,充分发挥"细网格"在气象防灾减灾、气象为农服务中的"大功效"作用,真正把基层气象为农服务融入到政府主导的农村公共服务体系中,着力提高气象为农服务效益。

(二)建立政府购买服务工作机制

各地在政策出台、资金匹配等支农惠农政策上存在较大差异,对政府购买的认知程度也有很大差异,作为气象部门要认识到气象为农服务工作的开展为强化基层社会管理、推进基层公共气象服务奠定了良好的基础,是基层台站综合改革和推进气象现代化的重要抓手,各级气象部门应高度关注,坚持政府主导,及时沟通、广泛宣传,让地方政府和涉农部门领导充分了解此项工作的重要意义,要突出需求和效益两个导向,要让政府部门看到社会效益、专业合作组织看到经济效益,真正调动政府部门和社会组织的兴趣和积极性,进一步营造创建氛围。与此同时,要进一步明确政府购买服务的几个关键问题,如购买主体、购买什么、怎么购买等问题,编制购买方案、制定管理办法,多渠道争取政府支持,积极推动气象为农服务信息纳入当地政府购买公共服务的指导性目录。

(三)培育专业合作社自我造血功能

首先要转变观念。气象服务社会化是气象现代化的重要目标,也是气象事业实现健康可持续发

展的必经之路。长期以来，客观历史条件造成了气象部门在提供气象服务方面的“垄断”地位，但在新形势下，气象事业的内涵已经发生了重大变化，多元化的气象服务是大势所趋，气象部门一定要改变传统的对气象服务大包大揽和“一肩挑”的观念，及早适应角色转变，努力突破部门利益的局限，要为社会组织提供技术支撑和气象服务基础产品，帮助其深加工为农服务产品并开展服务，重点培育其自我造血功能，同时对发展快、较成熟的社会组织加以引导，并加强宣传、发挥其引领示范作用，激发其它社会组织参与基层气象服务的积极性。

其次要明晰思路。现有的可以承接政府购买服务的社会组织数量多、种类多、差异大，因此针对不同组织类型要采取多种培育方式，如对“以钱养事”的民办非企业组织机构，可通过多种渠道争取政府支持，尝试购买服务；而对其他专业合作组织，则应侧重于对方的服务需求，建立互为支撑的共赢机制。尤其是在现有服务市场机制不成熟的条件下，大多数社会组织机构较复杂、队伍不健全、制度不完善，因此，在政策方面，要最大限度地调动政府、部门和社会组织的积极性，营造出良好的发展环境，在技术层面，要无条件支持，促进气象社会组织的成长和发展。

宁夏地市级天气预报业务改革情况调研报告

丁传群　丁建军　纪晓玲　张　冰　蔡江涛

（宁夏回族自治区气象局）

2014 年，宁夏回族自治区气象局积极探索推进地市级天气预报业务集约化改革，逐步理顺地市级与自治区级、县级天气预报业务之间的关系，取得了初步进展。6—8 月，调研组先后赴盐池、青铜峡、吴忠、中卫、中宁等地进行了实地调研，详细察看了区、市气象台的业务工作，对天气预报业务集约化改革的有关问题进行梳理，提出进一步深化改革的对策建议。

一、地市级天气预报业务集约化改革的主要做法及成效

(一)主要做法

1. 调整地市级天气预报业务组织方式，集约开展预报工作

一是将银川、石嘴山、吴忠、中卫四市天气预报业务集中到区气象台开展；二是集中开展市、县级天气预报业务技术和系统的研发工作；三是由区气象台集中开展全区各级天气预报产品质量的检验评估业务和数值预报模式的运行、改进、评估业务，市级预报员的预报质量考评和通报，地市级气象台不再开展检验评估业务。

2. 梳理、细化天气预报业务分工，强化协作与互动

区气象台制作区级预报产品，并指导地市级进行技术订正；地市级加强对区级预报的订正、补充和细化职能，重点对中小尺度天气和乡镇(行政村)预报的补充订正；县级负责对地市级制作的精细化预报产品进行实况订正和应用服务。

3. 狠抓运行机制建设，强化集约化预报业务制度保障

一是建立地市级预报岗与区、市、县气象台之间的互动衔接机制，制定出台了区、市、县三级预报服务联系制度；二是优化天气预报分析总结机制，制定天气预报质量分析管理办法；三是完善预报质量考核与通报机制，修订宁夏气象局预报预测岗位考核办法；四是规范了对区台市级预报岗人员的管理，制定宁夏区气象台市级预报员管理办法，各市气象局也修订了对市级预报员的考核激励办法。

4. 建立集约化天气预报业务流程，促进预报工作高效运转

一是在区气象台设置区气象台市级预报工作平面，配置工作平台，安装业务系统等；二是建立集约化天气预报业务流程，根据集约化业务分工，修订了区级天气预报业务技术流程，制定了区气象台市级短临监测预警业务流程、市级短期预报业务流程、市级精细化预报业务流程，在实现全区各级基本预报产品一致性的基础上，城镇、乡镇预报产品制作时间缩短了 30 分钟，满足了市、县服务需求；三是进一步规范灾害性天气预警信号发布与传播业务流程，修订《宁夏气象灾害预警信号发布实施细则》，提高各级预警信号制作时效，制作时间缩短了 15 分钟；四是修订了天气预报会商流程，对会商组织、发言主要内容、程序、保障等作出明确规定。

5. 统筹技术研发，提高集约化天气预报业务科技支撑能力

以区气象台为核心，统筹全区有限天气预报人员队伍，组织开展天气预报业务技术、方法和系统

研发，一是加强乡镇、行政村精细化预报技术支撑，形成了多种模式数值预报产品的乡镇气象要素精细化预报产品；二是提升灾害性天气定量化预报能力，开发了高温等六类高影响天气精细化 MOS 预报模型；三是强化格点化定量降水估测预报技术研发，开发了主要山洪沟流域面雨量预报产品；四是推进气象卫星观测资料的综合应用研发；五是开展区、市、县三级集约化预报业务平台研发，实现了“逐级指导、在线会商、上下交互订正与反馈、检验评估与管理”的天气预报业务工作流程；六是研发了宁夏天气预报质量综合检验评估系统；七是积极引进业务支撑系统，并组织开展了本地化和业务试用。

（二）取得的初步效果

1. 天气预报质量总体上得到提高

从宁夏 2014 年 4—7 月预报质量与 2013 年同期对比来看，宁夏晴雨、一般性降水、最高温度、最低温度预报准确率较 2013 年均有不同程度提高，特别是最高气温，提升了 5.93 个百分点；相对于中央气象台订正技巧，除一般性降水外，晴雨、最高、最低气温均为正技巧，最高、最低气温均较 2013 年有明显的提高。

2. 预报产品的时空精细化程度显著提升

一是逐步形成了涵盖短期气候预测、长期、中期、短期、短时、临近等业务的无缝隙业务体系；二是开展了行政村和社区的精细化预报业务；三是增加了乡镇精细化预报站点密度和预报时效，实现全区乡镇全覆盖，预报时效从 24 小时延伸为 168 小时；四是开展了中东及北非部分城市天气预报业务，每天制作发布卡萨布兰卡、贝鲁特等中东及北非 12 个城市未来 24 小时天气预报。

3. 市级预报及服务业务进一步规范

一是实现了市级预报与服务人员有效分离，区气象台市级预报岗人员集中精力制作天气预报，并开展天气预报技术研发，市气象台本部服务人员负责制作发布服务产品，在区、市两级预报业务的支撑下，县级预报服务能力也得到提高；二是规范了市级预报产品和业务流程；三是对预报服务产品发布进行了规范，市、县气象局每天 3 次发布精细化天气预报、临近预报预警、天气实况、气象防灾减灾科普宣传等服务内容，开发了一键式气象信息发布系统，并对发布情况进行监督检查。

4. 预报对服务的支撑作用更加明显

灾害性天气预报预警能力明显提升。2014 年对重大天气过程的预报准确率达到 83%，较 2013 年同期提高近 3 个百分点；对冰雹、雷雨、短时暴雨的预警时效从提前 5 分钟到现在平均提前 30 分钟以上。重大天气过程预报准确，服务及时，为宁夏各地经济建设、生态文明、防灾减灾、重大社会活动等工作提供了较准确的决策依据，气象服务的效益更加突出。

5. 市级预报员特别是年轻预报员快速成长

市级预报员关注的区域范围扩大，可参考应用的资料更多，每天与区级预报员、首席预报员的天气会商与讨论交流更为直接，有效提高了市级预报员把握全区天气的能力。同时，由于区、市级预报员之间的交流、协作机会增多，也促进了区级预报准确率的提升。与此同时，市级预报员特别是一些新进的年轻预报业务人员参与区级预报业务工具研发和科研工作的机会明显增加，部分优秀年轻预报员成长迅速。

二、地市级天气预报业务集约化改革中遇到的主要问题

一是市县局部分领导和业务人员对天气预报业务集约化改革的认识还不到位，没能站在整合资源、集中力量强化预报业务，提高预报服务能力的高度来认识预报业务集约化改革，对改革的真正意

图把握不准。二是适应集约化天气预报业务发展需求的机制流程有待进一步建立健全。区气象台的市级预报岗与区级预报岗的业务交流比较紧密，但与市、县级气象台监测服务岗之间的业务衔接、联系还不够顺畅。三是集约化天气预报业务的科技支撑能力不强，精细化天气预报订正技术研究比较滞后，订正预报缺乏客观有效的本地化技术方法。四是预报员队伍整体素质不够高。从事核心业务的预报员中，硕士和高级工程师以上人员比例还不高，县级气象台相关岗位人员几乎都是新进本科生，缺少预报实战经验，预报业务能力亟待提高。五是预报员工作轮换机制有待完善和调整，工作轮换有利于预报员之间的技术交流，有利于预报与服务业务的紧密结合，但也存在一定弊端，一是人员经常轮换会影响预报员对天气演变的跟踪把握，不利于预报质量的稳定提高；二是经常往返于两地间客观上给职工的生活带来了不便。

三、进一步推进天气预报业务集约化改革的措施和建议

一是加强宣传、培训，进一步强化各级工作人员对市级天气预报业务集约化改革的认识。

二是完善气象预报预测业务顶层设计，进一步推进市级集约化预报业务。进一步整合预报资源，在区气象台按照宁夏气候分区设立川区预报中心、山区预报中心。在市、县级气象台设置监测服务岗，加强对本地天气的监测预警和服务。推进市级气象台向专业气象台转型，根据各地产业特色，成立各有侧重的专业气象台，提高市级气象台对预报产品的应用服务能力和对县级气象台的服务指导能力，增强气象服务产品的针对性、多样性。

三是进一步理顺区、市、县三级天气预报业务体制机制及工作流程。进一步明确各级气象台的功能定位，理顺区气象台市级预报岗与区级预报岗、市级服务岗与县级气象台预报服务岗之间的关系。完善上级指导、下级订正和应用服务的区、市、县相衔接的预报服务业务流程，健全三级交流、沟通、反馈机制。进一步建立科学合理的考核和激励机制，完善市级岗预报员交流轮岗制度等。

四是加强本地化预报预测技术方法研究，进一步提升科技支撑能力。围绕制约宁夏预报预测技术发展的瓶颈问题和重大科技问题，加快关键技术研发和业务系统建设。充分利用好中国气象局推广的各类预报业务系统，引进外省先进的业务系统、预报工具和技术方法，并开展本地化开发应用工作。不断将现有技术以及新研究成果融入其中，提高业务平台的科技支撑能力。

五是加大预报员队伍建设，提升队伍整体素质。以区气象台首席预报员队伍建设和专家型预测预报团队建设为重点，组建预报员领军团队。继续完善区气象台双首席预报员制度，试点开展市、县局首席预报服务员制度。以区、县两级气象台为重心，继续充实预报员队伍。通过多种措施，培养、锻炼预测预报队伍，提高各级预报员的专业理论水平、资料分析能力和综合预报能力。加强预报员职业道德教育和业务素质建设，提高预报员队伍整体素质。

省级气象科研所特色领域科技创新工作调研报告

丁顺清

（中国气象局科技与气候变化司）

省级气象科研所是气象科技创新体系的重要组成部分，2012 年以来，中国气象局开展省所发展试点，要求省所围绕特色领域开展科技创新工作，目前已有 24 个省所编制完成省所试点方案。

一、调研基本情况

本次调研的时间范围设置在 2012 年 1 月—2014 年 7 月。通过发放收集分析调查表并结合现场调研及日常工作等了解 25 个省级气象科学研究所特色领域科技创新工作情况。

二、调研分析结果

（一）人才队伍

1. 人员情况

截至 2014 年 7 月末，25 个省级科研所共有在职职工 674 人，具有正研级职称的科研人员 65 名，副研及高级工程师 260 名，具有副高级及以上职称的人员占 48.2%；工程师 208 名，占职工总数的 30.8%；具有博士学位的职工有 76 人，硕士学位的人数达到 313 人，两者共占职工总数的 57.7%。

与 2010 年底相比，副高级以上职称人员比例上升 8.5%，硕、博士人员比例上升 17.4%，省所人才结构更加优化。

省所人才队伍里面，在特色领域担当骨干力量的人员中具有正研级职称的科研人员 58 名，副研级 130 人，占省所副高以上人员的 57.8%，各省所特色领域骨干力量中副研所占比例最高。

2. 创新团队情况

25 个省所在发展试点实施方案中确立特色领域有 40 个，到 2014 年 7 月，共组建创新团队 42 个，一般每个省所 1～3 个创新团队，每个创新团队平均 11 人。基本上每个特色领域均组建了相应的创新团队。按专业领域大致分类，省所组建的创新团队包括海洋气象类 2 个，环境气象类 5 个，生态与农业气象相关的创新团队 15 个，交通气象 1 个，电力气象 1 个，人工影响天气团队 3 个，灾害性天气及短临预报及数值模式团队 8 个，短期气候预测及气候资源 3 个，气象遥感类 4 个。

（二）经费投入

1. 省所发展专项

从 2012 年开始，中国气象局在年度部门预算中设立省所发展专项经费。

2. 科研经费

中国气象局通过行业专项、气候变化专项等项目支持省所特色领域的发展。另外，省所各自在特色领域工作基础上，争取国家自然科学基金、地方科技项目及各类合作课题等，科研经费相对充足。2012—

2014 年 7 月底，省所共承担科研项目 497 项，经费总量为 11990 万元，但各所发展并不均衡。

3. 其他

中国气象局在部门预算中设置小型基础条件建设项目，2012—2014 年共支持省所 1831 万元，用于提升省所特色领域科研基础条件。另外，各省局也给承担业务工作的省所提供业务经费，2012—2014 共提供业务经费 5497 万元。

（三）取得成果

2012—2014 年 7 月底期间，省所共获得国家科技奖励 3 项，省部级以上科技奖励 35 项。取得专利授权 7 项，其中发明专利 2 项；进行软件著作权登记 30 项。省所在 SCI/E 期刊发表论文 69 篇，占发表论文总数的 8.4%；在核心及以上刊物发表论文 539 篇，占发表论文总数的 65.8%。

（四）特色领域发展

经过 2～3 年时间的努力，各省所基本确立了自己的特色领域（表 1），建立了稳定的创新团队，并取得了一定的研究进展。

表 1　各省所特色领域表

序号	省所	特色领域
1	天津	环渤海海洋气象、沿海城市边界层与大气环境
2	河北	设施农业气象、人影飞机干预天气试验研究
3	山西	应对气候变化、交通气象研究
4	内蒙古	人工影响天气、航空气象保障技术
5	辽宁	农业气象
6	吉林	东北地区灾害性天气气候、东北主要粮食作物农业气象
7	黑龙江	生态与农业气象、气候与气候变化应用、环境气象
8	上海	沿海城市（群）气象
9	江苏	交通气象、雷达气象
10	浙江	灾害天气研究、环境气象研究
11	安徽	淮河流域灾害性天气监测预警、安徽省环境气象监测及预报预警关键技术
12	江西	南方水稻气象
13	福建	海峡气象
14	山东	黄渤海地区精细化天气预报关键技术
15	河南	农业气象
16	湖南	超级稻气象保障，暴雨山洪、低温冰冻监测预警评估
17	广西	甘蔗气象
18	海南	热带农业气象灾害监测预警、热带生态遥感监测
19	重庆	山地精细化气象预报、多云雾山区卫星遥感应用
20	贵州	山地气象灾害预测评估、山地气候资源评估与高效利用

续表

序号	省所	特色领域
21	云南	复杂地形下中尺度数值模式本地化应用研究、季风对低纬高原气候变化影响及极端气候事件研究
22	西藏	高原灾害性天气、高原地区卫星遥感应用
23	陕西	秦巴山区地形云降水、关中城市群气溶胶与环境气象
24	青海	高寒生态气象
25	宁夏	特色农业气象研究

1. 特色领域试验及理论研究取得一定进展

吉林、陕西等省所在天气气候机理等理论研究方面取得了出色成果。如吉林省所近几年深化开展东北冷涡研究，探讨分析了东北初夏极端低温事件的空间分布特征及其成因机理，陕西在秦巴山区云降水机理研究方面取得一定的进展。

2. 解决特色领域业务服务中急需解决的关键技术问题

江苏省所积极与交通部公路科学研究院联合开展野外科学试验，为构建路面热力谱地图、路面低温和冰冻实时监测转换和预警模型研究积累资料，研究开发了系列化的公路交通高影响天气预警技术，建立了基于中尺度数值模式的精细化预报模型。

3. 建立了特色领域业务服务系统，研发预报平台和服务产品

天津市所研发了大风浪天气条件下典型锚泊船和航行船的风险预评估产品、沿海能见度释用预报产品。辽宁、黑龙江等省所研发了农业气象服务平台和农业气象精细化指导产品。浙江省所开发了浙江省快速更新同化预报系统，搭建了浙江省大气成分监测分析系统。

4. 建立数据库、相关指标体系和标准、规范

河北省所初步建立了设施农业气象灾害指标体系、低温寡照灾害风险评估体系，构建了设施小气候数据库。河南省所构建了夏玉米主要农业气象灾害监测、预报、评估指标，初步研发了一套设施农业气象灾害风险区划技术方法。江西等农业气象相关省所开展了不同作物气象灾害指标研究。

5. 在特色领域开展相关业务服务，为当地社会经济发展提供支撑

山西省所开展温室气体、环境气象业务，是山西省发改委应对气候变化处技术支撑单位之一。

(五)数值预报工作

部分省所承担了省局数值预报模式引进、产品本地化及开发应用等工作。

1. 基本情况

25 个省所中有 10 个省所(天津、吉林、江苏、浙江、山东、湖南、重庆、云南、贵州、青海)承担了省局数值预报工作，另外有 4 个省所(内蒙古、上海、安徽、江西)在科研工作中涉及数值模式的应用。

在 10 个承担数值预报的省所中，一共有 61 位科研业务人员参与该项工作，占该类省所人数的 22.4%；其余 4 个省所开展与数值预报相关工作的有 12 人，占该类省所人数的 11.7%；全国 25 个省级气象科研所中，从事与数值预报相关工作的科研业务人员合计共 73 人，占全部省所总人数的 10.8%。

2. 主要工作及提供产品

省所从事的数值预报工作主要包括以下几个方面：模式引进、调试、维护运行；软硬件系统升级；通过技术手段提高分辨率，增加预报时效，缩短预报间隔；开展资料同化研究；开展检验评估等工作。

提供的产品包括气象要素、形势场预报、物理诊断分析、各类预报图、概率及路径预报等多种预报产品。大部分省所的产品都提供给全省业务人员共享，为气象预报预测服务直接提供支撑。

3. 与特色领域关系及发展分析

大部分承担数值预报工作的省所的特色领域与天气气候及精细化预报有关，促进了自身的特色领域发展，同时为省局的核心业务提供核心技术支撑，提高了省所的作用。

省所通过开展数值预报工作，培养和聚集了一批数值预报的骨干人才。在现有数值模式团队中，正研占 9.8%，高工占 37.7%，工程师及以下占 52.5%，其中大部分是工作不久的年轻人员，人才队伍未来还有较大的发展空间。

三、省所特色领域发展的困难及问题

(一)省所发展的定位不够清晰

目前省所虽然名称上是科研所，但是由于需要，绝大部分都承担了大量的业务工作，部分省所还是纯业务单位，名不副实的现象比较突出。

(二)创新团队的水平有待提高

团队领军人才不足，高层次人才队伍总量小，在申报重大科技攻关计划项目和核心技术研发等方面缺乏竞争力，不能完全满足发展现代气象业务服务和地方经济社会发展需求。创新团队刚成立 2 年左右，还未能在特色领域内深入开展创新性研究工作，团队骨干之间的相互配合和优势互补还未能充分体现。

(三)缺乏持续稳定支持

特色领域尚缺乏常态化的支持，开展特色领域研究的基础条件还不够完善，科研基础条件能力较弱，科研基础条件建设推进速度较慢。

(四)协同创新有待加强

近几年，省所之间以及省所与“一院八所”之间的科技交流活动减弱，大都只是通过联合承担项目进行科技合作，在合作方式上没有新的创新和拓展。同时，如何发挥省所在国家气象科技创新工程中的作用也有待思考。

四、下一步工作建议

(一)进一步明确省所定位

要充分发挥省所的科技创新作用，将省级气象业务的重大科技攻关任务向省所转移，同时逐步剥离省所承担的成熟业务工作，形成省所科研—业务良性循环形式，为省级气象部门真正提供科技支撑。

(二)在省所特色领域中设置相应人才政策

进一步加强人才培养力度，特别是对在职人员的再培训，提升科学素养，加强科研深度，提高科研水平。

(三)明确持续性的投入机制

继续加强对省所投入，继续进行省所发展专项支持；设立持续性省所基础条件建设项目，进一步提高省所实验分析能力、野外科学观测试验仪器与设备配置水平。在野外科学试验基地的管理中,充分考虑省所能做的工作和共享共用事宜。

(四)积极推进省所开放合作交流

定期组织省所的交流和培训,加强省所间的学术、成果转化、基础条件建设及管理等方面的交流;组织“一院八所”及其他科研业务单位在深化改革及科研业务工作中加强与省所的合作,通过资源共享、人才共享,提升省所科研能力及在相关领域的影响力。在国家气象创新工程的实施和核心关键技术科技攻关中,对省所如何发挥作用进行顶层思考,充分发挥省所的作用。

气象行政审批制度改革和履行气象行政管理职能调研报告

盖程程　徐丽娜　高学浩　廖良清　徐正敏　陈红兵　李洪臣

（中国气象局气象干部培训学院）

一、气象行政审批制度改革的基本情况

（一）国家政策背景

简政放权是全面深化改革的“先手棋”和转变政府职能的“当头炮”。本轮简政放权要求中央各部委和各级地方政府建立权力清单制度，锁定了改革和管理的底数。中国行政体制改革研究会发布的《中国行政体制改革报告(2013)》称，近六成人认为，行政审批制度改革的最大难点来自政府的“部门利益”。

（二）中国气象局行政审批事项改革基本情况

2013 年继续推进国家行政审批制度改革工作开展以来，中国气象局拟下放和取消 11 项行政审批事项，其中下放 4 项行政许可审批事项，取消 3 项行政许可审批事项和 4 项非行政许可审批事项。现已下放 1 项行政许可审批事项，取消 3 项非行政许可审批事项。取消下放计划完成后，中国气象局本级将保留实施 2 项行政许可审批。

（三）地方推进气象行政审批制度改革、履行气象行政管理职能的实践情况（个案）

1. 气象行政审批制度改革

江苏省宿迁市气象局响应地方政府简政放权号召，成为全国地市级气象行政审批改革实践的“先头兵”。2013 年 11 月 10 日，央视《焦点访谈》栏目聚焦宿迁市行政体制改革，其中施放气球行政审批这项权限被暂停，职责由“许可”转向“监管”，而对保留的行政审批项目:防雷装置设计审核和竣工验收，市、县两级全部进入行政审批大厅。宿迁市气象局认为，暂停施放气球行政审批，方便了企业业务办理，简化流程，进一步优化该市投资环境，但由于事前审批取消，且市局人员较少，监督、执法力量较为薄弱，增加了管理的难度和工作量，在施放气球监管过程中可能存在漏洞和盲点。

2. 防雷资质资格管理

2011 年 7 月 25 日，广州市某公司涉嫌盗用防雷工程资格证，非法实施“挂靠”案反映出防雷工程资质资格管理问题突出，防雷工程专业资质管理、防雷工程技术人员资格证管理混乱，存在“挂靠”、审核不严、程序违法等问题。广东省气象局依法进行处罚，对相关责任人进行了处理。之后，制定了相关办法措施，构建了全省防雷信息共享业务平台，加强了防雷工作的规范化管理。

3. 防雷检测市场行政垄断

2014 年 11 月 20 日，央视《经济半小时》栏目对目前我国防雷检测领域的现状做了报道，涉及防雷装置检测单位资质的行政许可。浙江某公司就防雷装置检测单位资质许可一事两次将省气象局诉诸法庭，一次提起行政复议，质疑气象部门垄断防雷检测市场。最近，该公司取得防雷装置检测的丙级资质。旷

日持久官司的背后，是双重计划财务体制下保障不足的无奈，部门利益的坚守和依法行政精神的缺失。

4. 防雷减灾社会管理

2013 年 7 月 1 日，山西省棉麻公司侯马采购供应站的棉花仓库因雷击引发火灾，事故发生前，侯马市气象局曾多次督促该采购站安装避雷设施，但直至火灾发生之时，采购站都没能落实防雷工程整改事宜。此案反映出基层气象执法人员法律意识不强，执法水平不高，程序不规范，监督不严，雷电灾害调查经验不足，相关技术标准缺乏。之后，侯马市气象局强化了防雷安全检查，细化了人员的岗位分工，建立了防雷重点单位数据库，加强与市防雷中心的信息共享。

二、履行气象行政管理职能问题分析

（一）行政管理理念存在偏差，依法行政意识不足

一些地方的气象部门仍保持着部门管理、业务管理的惯性。重管理、轻服务，重事前审批、轻事后监督，重经济效益、轻责任担当。部分领导干部把依法办事当作局部性和阶段性工作，“说起来重要，干起来次要，忙起来不要”的观念；不少地方还局限在对部分法律条款利用的实用主义思想，普遍存在将防雷管理视为产业搞创收，存在执法权寻租的趋利化倾向，而过分注重防雷科技服务创收的经济效益，便往往缺乏雷电灾害防御的监管责任意识，最终伤及社会效益。

（二）行政能力不足，与经济社会快速发展的需求还不相适应

目前一些地方的气象部门履行气象行政管理职能的能力与经济社会快速发展的需求矛盾日益突出。一些领导干部和执法人员缺乏必备的法律知识，学法、用法的意识不强，行政执法水平和质量不高，甚至违法执法。一些基层的执法队伍人员执法方式简单，不按法定程序，或者不敢执法。决策的法治化、科学化、制度化相对欠缺。

（三）履行气象行政管理职能过程中，存在“越位、错位、缺位”

一是越位。职权法定原则下，只有部门职权范围界定明确，才能准确判断部门是否在法律授权的范围内正确履行职责。如备受社会关注的防雷装置检测资质认定，并无法律、行政法规规定只能由气象主管机构从事防雷检测工作，而是创收任务导致了本该履行政府管理职能的气象部门出现了执法推动科技服务的现象。

二是错位。其一，政、事、企不分，通过建立行政壁垒和技术壁垒，巩固垄断地位，提高市场准入门槛，破坏市场公平。此外，防雷公司、防雷中心、气象学会和气象局复杂的挂靠关系，不但影响气象局对其依法监管效能的发挥，而且影响企业、事业单位独立在市场经济中发挥作用。其二，防雷检测市场放开问题。区域不平衡——东、中、西部的气象部门由于财政收入保障的来源差异明显，对防雷检测市场是否放开持截然不同的两种观点，全国防雷检测市场并未形成。其三，职业资格许可问题。目前，防雷专业技术人员资格证书分为防雷工程资格证书和防雷检测资格证书，其中就防雷检测资格证书考试只限于气象局内部（截至 2014 年 4 月），并没有对全社会开放，因此也就成为了一道“隐形障碍”。一些地方的气象学会还存在收钱就发证，造成了跨区域的水平不统一、考核不公平、管理不到位的情况。

三是缺位。表现在气象局没有很好地履行职责范围内的职能，在防雷社会管理上，存在监管缺失、监督不严、行政执法的监督制约机制不够完善等问题。法制的不健全、操作的不规范，缺乏透明度，都阻碍了气象行政管理职能的转变。

三、推进气象行政审批制度改革和正确履行气象行政管理职能的对策建议

(一)职权法定,依法履行法律法规赋予的气象行政管理职能

依法规范气象行政权力,权责统一,重新建立气象行政管理体系与市场与社会的关系,正确梳理各级气象主管机构社会管理项目内容。尽快实现政事分开、政企分开、政社分开。加强气象行政执法管理,维护气象法律的尊严。提高气象主管机构的公信力和行政管理权威,积极推进行政职能的科学转变,努力实现气象行政管理更好地服务于经济社会发展、服务于防灾减灾、服务于人民群众生产生活和安全福祉的目标和宗旨。

(二)强化顶层设计,维护政策、标准规范等的统一性和严肃性

作为垂管部门,气象部门在履行行政管理职权过程中,必须强化顶层设计,做到全国一盘棋,维护政策、标准规范的统一性和严肃性。目前,防雷产品使用备案核准、外地防雷工程专业资质备案核准等行政审批项目被取消,意味着省域之间的壁垒已经被打破,建议中国气象局统一准入条件,上下形成正确的共识,不能将改革中的矛盾下放,避免基层面对改革倒逼无所适从。提升站位,充分调研,细致指导,提升政策和规划制定环节质量,避免陷入“一放就乱,一收就死”的循环。

(三)主动适应国家改革政策趋势,政策配套

现在基层反映最强烈的主要症结是解决财政保障、生存保障。改革要政策配套,不能搞单一的改革。气象管理体制改革为气象服务体制改革提供保障,而气象服务体制改革牵引和传导着气象管理体制改革,需要国家层面进一步明确,给出实现路径,并有可操作性方案指导。

(四)按国家、地方分类科学实施简政放权,行政审批提能增效

依法科学地对气象行政审批项目进行客观分类,涉及公共利益、公共安全和生态环境保护等重要法律责任的项目要依法予以保留,并要强化管理和服务;其他的事务性管理项目深入调查分析,该下放的下放,该取消的取消。各地气象主管机构应不断改进行政审批方式,完善和创新行政审批机制,加强气象行政审批窗口建设。

(五)培育建立行业中介组织

提高行业水平应由行业、职业协会组织去做。气象部门制定发展政策、职业标准和评价规范,具体认定工作逐步交给行业协会、学会承担。气象学会要与气象局脱钩,增强与市场的联系,完善法人治理结构,真正实现承接气象局转移出来的职能。气象部门通过对相关行业中介组织加强监管,不断提高相关领域的管理水平。

(六)培育、规范市场主体,激发市场活力

在非基本的公共服务领域,更多更好地发挥市场和社会的作用。加大政府购买服务的力度,营造出公平竞争的市场环境。在防雷检测领域,近期可以通过允许省内跨区竞争开展防雷检测业务。未来检测向市场放开是社会发展趋势,实行路径可以先西部、东部条件成熟地区,后中部地区。要做好开放市场相关基础支撑,提前做好人员分流设计,规范进入主体,研究技术规范,资格、资质管理,提高竞争力。同时要加强引导,鼓励民营企业发展,逐步建立统一开放、竞争有序的防雷检测市场体系。

（七）创新监管方式，强化责任意识

气象行政审批事项减少，更多地转为事中监管和事后备案，实行“宽进严管”。这一点对县局、市局是严峻的考验和巨大的挑战。需要加强基层执法队伍建设，因地制宜采取不同执法模式，如探索推进综合执法的途径。对于专业化程度要求高的领域，要增强执法队伍的职业化水平，探索推进跨地区联合执法。权力下放或取消，监管责任更要加强，须做到违法必追责。特别是防雷、施放气球等可能涉及安全生产事故责任的领域，一旦发生事故，气象部门作为行业安全监管部门，是直接的行政问责对象，需要特别引起重视。

（八）加强培训交流，提高履行气象行政管理职能的能力

加大对领导干部和执法骨干队伍的培训力度，创新形式，分层、分类组织培训。通过培训使各级领导干部转变观念，准确把握角色定位，拓宽视野，把握履行气象行政管理职能的重点、难点，全面提高依法行政能力。要建立履行气象行政管理职能交流制度，及时通报各地工作动态，征集基层普遍反映的热点、难点问题，进行分析、研究，找到解决方案，以对基层工作进行指导；推广典型经验和成功做法，对负面案例以示警戒。

行业协会在气象服务社会管理中的作用调研报告

李　闯　屈　雅　王　昕　吕明辉

（中国气象局公共气象服务中心）

一、调研基本情况

我国气象服务已广泛涉及决策气象服务、公众气象服务、人影、防雷，以及面向农业、交通、水文等领域的专业专项气象服务。国民经济的快速发展和社会进步对气象服务提出了更高要求：全方位、多层次、精细化、专业化、多元参与及互动，这些都要求积极探索社会力量参与气象服务的新机制。目前，中国气象局公共气象服务中心正在积极探索在气象服务领域培育和建立气象服务行业组织；在气象服务领域中适时建立起政府与市场之间协调发展的体制机制，引导、组织和规范社会各方力量参与我国多元化公共气象服务体系建设。围绕这一目标，中心多次组织人员赴有关部门实地了解行业协会与政府、企业关系及其在社会管理中发挥的作用；同时网络调研行业协会建设、运行方式以及职能、作用。

二、国内行业协会建设及运行的一般规律

（一）行业协会的一般组建情况

目前，我国的行业协会最主要的组建模式是政府自上而下组建型协会。1978 年至今，我国政府用行政手段建立了大批行业协会，这些协会的领导机构和会员单位大都来自于行业内的企事业单位。

（二）行业协会一般职能

从调研情况来看，国内大多数行业协会职能比较类似，主要是代表本行业全体企业的共同利益；作为政府与企业之间的桥梁，向政府传达企业的共同要求，同时协助政府制定和实施行业发展规划、产业政策、行政法规和有关法律；制定并执行行规、行约和各类标准，协调本行业企业之间的经营行为；对本行业产品和服务质量、竞争手段、经营作风进行严格监督，维护行业信誉，鼓励公平竞争，打击违法、违规行为；受政府委托，进行资格审查、签发证照、如市场准入资格认证，发放产地证、质量检验证、生产许可证和进出口许可证等；开展对国内外行业发展情况的基础调查，研究本行业面临的问题，提出建议、出版刊物，供企业和政府参考等。

（三）行业协会的一般组织体系

我国目前的行业协会组织一般分三个层次，第一层次是理事会，是会员大会或者会员代表大会的执行机构，由各会员民主选举产生。理事会的职责主要是制订方案、确立目标、招聘成员等。第二层次是常务理事会，由理事会任免，其工作职责是执行理事会所制订的方案，管理组织资源，开发服务项目，拓展外界联络，考核和评估雇佣人员。第三层次是秘书处，为行业协会的办事机构。秘书处聘用带薪工作的职员，他们协助会长工作，研究日常工作，开展人员培训与提高，对各方面服务雇员进行评估和监督。

三、行业协会在社会管理中的作用

调研选取与中国气象局体制机制及业务发展模式相类似的中华全国供销合作总社主管的中国农业生产资料流通协会、国家质量监督检验检疫总局主管的中国标准化协会和中国农业部主管的中国蔬菜协会作为调研对象，了解具体协会与政府、企业关系以及在社会管理中发挥的作用。

（一）中国农业生产资料流通协会

中国农业生产资料流通协会在贯彻落实党和国家有关农业生产资料流通方面方针、政策，监督会员企业对国家政策的执行情况；开展行业自律，规范农资流通企业的经营行为，配合政府的农资打假工作；反映会员单位的愿望和要求，维护会员企业的合法权益；推动农资流通方式和业态创新，促进和推动农资流通企业的改革，宣传和推广农资流通体制改革的典型和经验；组织和加强会员企业之间、会员企业和非会员企业之间及会员企业和其他行业部门之间的纵横向联合，增强系统的凝聚力；对农资市场进行调研，搜集整理农资市场信息，为会员单位提供信息咨询服务；组织开展多层次的培训，以及各类有益于本行业发展的活动等方面发挥社会管理作用。

（二）中国标准化协会

中国标准化协会在开展标准化领域的方针、政策、法律法规及有关技术方面的研究工作和社会调查，向国家标准化管理委员会及有关部门提供建议；接受政府有关部门或社会委托承担或参与标准化科技项目的论证、标准化科技成果的鉴定、标准化工作者技术职称任职资格评定等工作；授权发布有关国家标准信息公告，编辑出版并发行标准化书刊、资料；开展标准化（标准、质量、认证等相关领域）学术理论研究，组织国内外标准化学术交流；在中国科学技术协会和国家标准化管理委员会的统一协调下，开展同国外标准化组织的合作交流，发展同港澳台地区标准化团体和专家学者的联系，组织会员积极参加国内、地区和国际标准化活动；关心和维护标准化工作者的权益，组织为标准化工作者服务的各种活动，为本协会会员提供服务；普及标准化知识，培训标准化人员；推荐或奖励标准优秀论文和优秀科普作品，表彰标准化工作积极分子等方面发挥社会管理作用。

（三）中国蔬菜协会

中国蔬菜协会在规范约束协调行业行为，建立行业自律机制，提高行业整体素质，维护行业平等竞争；开展行业自律监管，加强行业自律，构建行业内诚信监督体系；协助相关部门，打击假冒伪劣产品，保护行业信誉；积极宣传国家相关法律法规，向政府反映行业、会员意见，维护会员的合法权益；受政府委托参与本行业相关的国家行业标准和行业规范的制（修）订工作；推动相关标准的贯彻实施；参与全国蔬菜发展战略研究，开展行业调查，分析行业的发展趋势，为政府制定行业发展规划、产业政策和立法工作提供服务，为政府决策提供依据；发展与国内外相关行业组织的联系，开展国际间业务技术合作与交流，促进会员开展国际经济技术等合作；收集、分析、发布行业信息；为企业发展提供咨询意见，为会员提供咨询服务及技术推广应用服务；积极参与行业相关的反倾销，反补贴等对外贸易争端的行业损害调查和应诉协调工作，保护行业安全等方面发挥社会管理作用。

四、发挥行业协会在气象服务社会管理中的作用建议

(一)气象服务行业社会管理现状及背景

目前，国内还没有全国性气象服务类行业协会，个别省、市成立了气象行业协会，如北京市减灾协会、上海市防雷协会、广东省气象防灾减灾协会及深圳市防雷协会等。相比之下，国务院各部门及机构均有设立相关行业协会，有些部门和机构主管协会数量达几十个。

成立气象服务行业协会是适应全面深化改革和转变政府职能的要求。开放气象服务市场是社会主义市场经济的必然要求，推进气象服务社会化是提高气象服务质量和水平的必经之路。当前，国内气象服务组织蓬勃发展，国际气象服务机构不断渗透国内市场，气象部门迫切需要探索气象服务领域中政府与市场之间协调发展的体制机制，培育和建立权责明确、集约高效、运行有力的气象服务行业组织，引导、组织和规范社会各方力量参与我国社会化气象服务体系建设。成立协会是加强和优化气象服务社会管理，推进气象服务行业健康有序发展的重要组织保障。

(二)发挥气象服务行业协会作用建议

气象服务行业协会以维护气象服务行业整体利益，促进气象服务事业健康发展为宗旨，探索建立气象政府部门与气象服务从业机构之间的沟通协调机制。

1. 气象服务行业协会发挥桥梁和纽带的作用

气象服务行业协会承接政府机构转变职能、简政放权取消和转移的部分审批职能和服务职能；开展行业调查研究，向主管机构反映行业、会员诉求，提出气象行业发展和立法等方面的意见和建议，积极参与相关法律法规、宏观调控和产业政策的研究、制定，参与制订修订行业标准和行业发展规划，完善行业管理，促进行业发展。

2. 气象服务行业协会在服务企业中发挥作用

气象服务行业协会代表本行业企业的利益，为企业服务。行业协会收集、发布行业信息，了解掌握国内外行业发展动态；创办气象服务行业刊物和网站，开展法律、政策、技术、管理、市场等咨询服务；组织气象服务人才、技术、管理、法规等培训，帮助会员企业提高素质、增强创新能力、改善经营管理；参与气象服务行业资质认证、新技术和新产品鉴定及推广、事故认定等相关工作；承办或根据市场和行业发展需要举办交易会、展览会等，为企业开拓市场创造条件。

3. 气象服务行业协会在调节市场中发挥作用

气象服务行业协会将实施气象服务行业自律的重要职责，要围绕规范市场秩序，健全各项自律性管理制度，制订并组织实施行业职业道德准则，推动行业诚信建设，建立完善行业自律性管理约束机制，规范会员行为，协调会员关系，维护公平竞争的市场环境。

市县两级气象部门预算编制及执行工作科学管理调研报告

朱俊峰

(山西省气象局)

一、基本情况

山西省晋中市下辖本级、榆次、灵石、介休、平遥、祁县、太谷、寿阳、昔阳、和顺、左权、榆社等12个四级预算单位。预算编制按照规划和工作重点，严格遵循省气象局“两上”“两下”的编制流程，由计财部门牵头录入，对中央财政预算按基础资料库、部门预算库、项目管理库分类录入。人事科对基础资料库把关负责，业务科对项目管理库把关负责，计财科负责基础资料库、项目管理库和部门预算库。对地方财政预算，市县两级分别向地方财政部门农业科(股)报送，使用部门预算财政版软件。

在中央财政预算执行中，市县两级全部开设了财政零余额账户。在省气象局批复预算后，通过分月用款计划系统申请基本支出和项目支出用款计划，财政零余额账户用款额度到账后，由四级预算单位按照科目支付。对地方财政资金，市局本级、灵石、介休、平遥、祁县、寿阳、昔阳、和顺、左权、榆社等单位全部实行了直接支付，按月到财政局申请用款计划，然后到地方核算中心报销。

二、预算编制和执行中存在的问题

(一)预算编制中存在的问题

(1)地方财政和科技服务收入预算编制粗糙，科学性不够。在地方财政拨款预算编制上，除部分项目在预算中每年安排业务维持费外，其他县一般都需年中打报告申请，因此，在预算编制时只反映了人员支出等基本支出，项目支出无法真实反映，客观上造成了地方财政拨款预算的不科学。在科技服务收入预算编制上，由于县气象局对国家宏观经济形势和政策、气象科技服务发展政策和经营情况分析不够，再加上对上级是否会根据其科技服务收入的预算调减财政拨款预算的担心，在预算编制时对自有资金收入测算保守，与决算数差异较大。

(2)县气象局编制预算的主体意识不强，积极主动性不够，预算编制的时间短，但工作任务繁重，表格、项目繁多，关系复杂，但因为县局财务人员多为兼职，在规定时间往往完不成。市气象局工作人员为了按时上报，越位代编，导致县局依赖心重。

(3)预算编制论证和前瞻不够，预算编制质量不高。在预算编制中，不是从工作需要来编制，而是根据控制数，按照办公费、水电费明细科目进行简单肢解。预算编制不完整，估计当年能全部支出存量资金，未编上年结转资金，资金效益未充分发挥。

(4)以业务工作难，以预见性为借口，政府采购预算编制粗放。在编制政府采购预算时，与资产管理结合不够，在满足实际需要的情况下未适度超前，不能满足安全和有些工作的特殊要求。对原有办公设备、业务设备的运行情况深入检查不够，对设备是否需要更换的情况不明，对下年按照新的规划计划新添置的设备估算不足，政府采购预算常为人为估算填报。

（二）预算执行中存在的问题

（1）县气象局预算执行主体意识不强。县局未切实负起严格预算执行的责任，对于预算管理的必要性及其作用认识不足，普遍认为预算只是计划财务部门的事，与自身无关，缺乏参与意识，没有给予应有的支持。同时，所关注的重点不是预算本身的准确性的高低，而是编制的预算能否能为单位获得更大的利益。未把加强预算执行管理作为日常工作重点，忽视支出进度，导致预算支出进度偏慢。在布置工作任务时，预算执行未同步跟上。

（2）习惯于集中财力办大事，精细化执行预算不到位。县气象局实施县级气象机构综合改革后，参公人员和事业人员分设，在经费核算上，也区分了"行政运行"与"气象事业机构"类别，但实际在预算执行时，精细化执行不到位。在业务经费核算上，自动气象站业务运行费、气象地面观测经费、探空业务运行费同在"气象探测"科目下，不少县局将这些钱合在一起用，未对支出与业务之间是否关联合理进行深入分析，一支了事，发生了超范围支出。

（3）对部门预算的严肃性认识不足，预算约束意识不强。重资金争取，轻资金管理，预算执行与编制内容相背离，未能严格按部门预算下达的指标和项目支出用途执行，支出随意性大，超预算、超计划、超范围、超标准支出。

（4）县气象局在预算执行与科技服务资金纳税筹划之间"博弈"，影响预算执行。每季末是预算考核的时间节点，也是企业所得税按季预缴的时点，利润较大需要预缴所得税，达到资金支付条件的支出先行在经营资金中支出，预算执行贴线走，考虑上级在预算执行进度与预算安排挂钩上，即使扣减了经费，但业务仍要正常开展，向市局请示解决困难。

（5）项目前期工作准备不充分，影响预算执行进度。县气象局在省气象局批复项目可研后，担心项目资金落实不了，资金计划下达，钱到账才敢办手续，在基本建设投资计划下达之前，未提前进行招投标等前期工作，在资金计划下达后到规划、城建等相关部门办理手续时周期又较长，在重要的预算考核时间结点，资金达不到支付条件，影响预算执行进度。

三、加强预算管理的建议

（一）提高对新预算法的认识，切实依法行政

要认真深入学习新预算法，从新旧预算法的 11 条对比中体会这种变革，明确工作方向：全口径预算体系："横与纵"，即横向上的"四本预算"和纵向上的"五级预算"；收支跨年度平衡机制："短与长"，即政府收支要建立在三年的中期规划基础上，跳出一年短周期的约束；转移支付制度："进与退"；财政收入的管理："收与放"；财政支出的约束："紧与松"，财政支出的约束性要由以前相对较松的粗放式，向今后要求较细的集约式实现转变；预算的调整空间："保与压"；预算的公开透明："粗与细"；地方政府举债之门："闭与合"；法定性支出："存与废"；人大预算审查监督："实与虚"；严格的涉财纪律："轻与重"。

（二）提高预算编制的科学性

一是加强全口径预算管理，提高部门预算的完整性，加强统筹协调，对经营收入、上年结转结余资金、国有资产处置收入、行政单位国有资产出租出借收入要全部列入预算，避免资金安排交叉重复。二是全面编制政府采购预算，规范政府采购预算的范围、内容和程序，发挥政府采购政策功能。做好政府购买服务有关预算管理工作。三是完善预算编制方法。财务部门要与相关部门积极沟通，采用调查研究、目标预测、论证分析等程序，提高预算编制质量，做到预算编制与业务工作紧密相联，从源头抓起，提高预算编制的科学性、可执行性。四要细化预算编制，特别是细化项目支出预算编制，提高项目执行的可操作性，为预算执行降低不必要的难度。

(三)加强对预算执行工作的组织领导

基层预算单位要落实预算支出责任制度,增强预算执行主体责任意识,单位法定代表人为预算执行管理第一责任人,分管领导为主要责任人,业务部门和财务部门领导为直接责任人,要形成"一把手亲自抓、分管领导着力抓、落实专人具体抓"的工作机制,明确要求,落实责任,做到任务、人员、措施三落实;完善财务与经费使用部门分工合作、齐抓共管的工作机制,经费使用部门要早动手、早部署,增强主动性,对项目实施和支出的真实性、合理性负责。

(四)在预算执行上,要坚持厉行勤俭节约,努力降低行政成本

在预算执行中,不能为预算执行而执行,要发扬艰苦奋斗、勤俭节约的优良传统,严格执行中央八项规定,认真落实《党政机关厉行节约反对浪费条例》。严格控制差旅费、培训费、会议费一般性支出,"三公"经费和会议费比上年只减不增。健全公务支出管理制度体系,加强公务支出的督查问责,全面实行公务卡制度,不新建楼堂馆所,推进厉行节约工作长效化、常态化、制度化。

(五)对结余沉淀资金分类清理,有效控制新增结转结余资金

按照国家要求建立结转结余资金定期清理机制,加大结转资金统筹使用力度,对不需按原用途使用的资金,可按规定统筹用于气象事业亟需资金支持的领域。要梳理结余资金的来源、性质、使用方向、形成原因等,抓紧盘活消化。对基本建设形成的结转资金,未开工的要抓紧办理前期手续,具备资金支付条件;已开工的,严抓工程进度,款项支付与工程进度同步;已完工的,抓紧办理竣工财务决算,对预付款项和应付款按照资金来源分类梳理。对科研课题形成的结转资金,要化解科研课题周期长与资金管理之间的矛盾,抓紧结题,发挥效益。

(六)在公共气象服务方面,加大政府购买社会服务力度

县局人员少,任务重,在大喇叭、区域自动站、显示屏等装备的维修维护上,要改变传统观念,改进政府提供公共气象服务方式,在工作政府化的背景下,改变基层气象局既是购买主体,又是承接主体的情况。充分参与到政府购买公共气象服务中来,组织引导社会资源和力量开展公共气象服务,健全气象防灾减灾机制,完善基本公共气象服务均等化制度。要按有关规定对业务类维持项目开展政府购买服务工作,切实降低公共服务成本,提高公共服务质量。

关于巴彦淖尔市旗县综合业务一体化运行工作的调研报告

刘俊林

（内蒙古巴彦淖尔市气象局）

一、综合业务一体化运行的三种模式

全市综合一体化运行可以概括为如下三种模式，即一轮运转模式、两轮平行运转模式、一大一小两轮运转模式。

（一）一轮运转模式

一轮运转模式，就是预报服务和综合观测业务实行一体化大轮班。适用杭锦后旗气象局。杭锦后旗气象台共有7名职工从事预报、服务、地面和生态观测业务工作，市局任命了台长，在所有业务人员实行大轮班的基础上，每个人确定了侧重专业，有利于上下业务的有效对接，一定程度上克服了大轮班“样样都懂、样样稀松”的弊端。杭锦后旗气象局适合一轮运转模式基于以下三点原因考虑：一是学历水平较高，全部是大学本科以上学历，二是专业结构比较合理，全部为大气科学专业或是接受过大气专业学科培训，三是年龄梯次明显，职工年龄结构呈现明显的“橄榄型”，主体是20世纪80年代出生的大学生。

（二）两轮平行运转模式

两轮平行运转模式，就是预报服务一个轮轮班转，综合观测（地面、高空、生态、特种观测）另一个轮轮班转。适用乌拉特中旗气象局与临河区气象局。

乌拉特中旗气象台共有15名职工从事预报、服务、地面、高空、生态和特种观测业务，市局任命了台长，实行综合观测和预报服务两轮平行运转，综合观测明确了地面和高空业务骨干，预报服务人员各有专业侧重。其中，综合观测岗位10人，预报服务人员5人。

临河区气象台共有18名职工从事预报、服务、地面、高空工作，市局任命了台长，实行综合观测和预报服务两轮平行运转模式，综合观测岗位明确了地面和高空业务骨干，预报服务人员各有专业侧重。其中，综合观测岗位14人，预报服务岗位4人。

乌拉特中旗气象局和临河区气象局实行两轮平行运转模式基于以下原因考虑：一是综合观测业务内容多，工作量大。乌拉特中旗作为本市唯一的基准气候站，综合观测内容包括地面、高空、生态和特种观测、航危报观测，地面观测过去一直是24小时值守班，每小时观测一次，探空早晚各一次，有时还承担加密观测。临河区气象局为基本气候观测站，除承担地面、高空、生态、航危报观测外，作为国家一级农业气象观测站，还承担着重要的农气观测业务。2014年，自治区气象局部署了地面高空业务综合一体化运行工作，两个局站的干部职工克服了诸多困难，完成了天地一体化运行的业务培训、上岗考核、业务切换工作。目前，虽然能够完成一般性天气的值守班工作，但是遇到复杂性天气和应急性问题还是难以应对，特别是对高空测报业务只是按规范、凭经验观测，对探空原理基本不懂。观测人员刚勉强适应了天地一体化综合观测，短期内难以再承担预报服务业务工作。二是综合观测业务人员业务水平不高、再学习能力差。综合观测人员第一学历以高中、初中甚至小学为主，文化程度低，年龄偏大，学习动力不足。三是预报服务人员年轻、学历高，业务发展潜力大。两局预报服务人员全部接受过大气科学专业培训，平均年龄分别为 34.6 岁和 34.8 岁，梯次结构合理。

两局测报人员学历低、再学习能力差决定了乌中旗、临河区综合业务一体化运作还要走较长的路，采取新人新办法、老人老办法，比较符合乌中旗和临河区的实际。

(三)一大一小两轮运转模式

一大一小两轮运转模式，就是多数业务人员实行预报服务和综合观测业务大轮班(谓之大轮)，个别业务人员不能值预报服务主班，只值地面、农气、生态观测业务主班，同时值预报服务副班(谓之小轮)。适用五原县气象局、乌拉特前旗气象局、乌拉特后旗气象局、磴口县气象局。

五原县气象台共有 7 名职工从事预报、服务、地面和生态观测业务，市局没有任命台长，台长由副局长兼任。实行综合业务大轮班的 5 人，从事测报和预报服务小轮班的 2 人。乌拉特前旗气象台共有 7 名职工从事预报、服务、地面和农气、生态观测业务，市局任命了台长。实行综合业务大轮班的 4 人，从事测报和预报服务小轮班的 3 人。乌拉特后旗气象台共有 6 名职工从事预报、服务、地面和生态观测业务，市局没有任命台长，台长由副局长兼任。实行综合业务大轮班的 4 人，从事测报和预报服务小轮班的 2 人。磴口县气象台共有 5 名职工从事预报、服务、地面和生态观测业务，市局任命了台长。实行综合业务大轮班的 3 人，从事测报和预报服务小轮班的 2 人。

四局实行一大一小两轮运转模式基于以下两点原因考虑：

一是四个局站测报工作任务相对较轻、预报服务任务相对较重。除乌拉特前旗是国家一级农气观测站，农业气象观测任务相对较重外，地面观测都为国家一般站，观测任务比较轻。五原县作为重要产粮区，是我市冰雹灾害最重的旗县，防雹任务十分艰巨，同时，作为全市设施农业的龙头县，设施农业气象服务尤为重要；乌拉特前旗具有独特的地形特点，既有平原，又有牧区和山旱区，还有绵延巍峨的阴山和乌梁素海湿地，平原区的防雹、牧区和山旱区的增雨，沿阴山一线的山洪防御和乌梁素海湿地气象服务是乌拉特前旗气象服务的重点；乌拉特后旗阴山内外遍布有色金属工矿企业，阴山沿线分布着许多高危山洪沟口，山后为生态异常脆弱的荒漠化乌拉特草原，气象服务的重要性不言而喻；磴口县境内乌兰布和沙漠占据了很大面积，近几年，县政府大力发展沙区葡萄酿酒产业，如何围绕葡萄产业做好相关特色气象服务是磴口县气象局既定的目标任务。

二是四个局站能够参与预报服务的人员占比大。五原县有 5 名职工具备业务大轮班的能力，磴口县有 3 人具备业务大轮班的能力，乌拉特前旗和乌拉特后旗都有 4 人具备业务大轮班的能力，这 16 名业务人员多是近几年参加工作的全日制大学本科生或研究生，具备较强的再学习能力，完全能够满足综合业务大轮班的要求。值地面主班和预报副班的 8 名业务人员中，有的是年龄偏大，有的是再学习能力差，随着年轻人才的不断招录，新陈代谢加快，过渡三年，完全能够整体实现综合业务大轮班。

二、几点体会

(一)深入调研，摸清家底是做好综合业务大轮班的基础

通过调研，深入理解了基础调研对决策的重要性。调研前，对各局站能否按照中国气象局提出的政事分开、综合业务大轮班进行改革得知信心不足。通过调研得知，综合业务大轮班的三种模式符合本市的实际。在梳理业务岗位、人员职责、任务的时候，对每个人的学历、年龄、专业、业务能力以及再学习能力和未来发展方向都进行了认真的分析，摸清了家底，增强了信心。

(二)认识到位，提前谋划是做好综合业务大轮班的关键

调研的过程也是一个学习、思考，提高认识、统一思想的过程。调研之处，调研组的部分同志对市局

党组的调研决策不是十分的理解，个别旗县局也有应付、消极的现象。但是，多数旗县局都做了认真的准备，提前进行了思考，对本单位职工适应改革、投身改革的业务能力和心理承受能力充满信心。通过每个旗县 2 天左右的学习、互动探讨，认识提高了，思想统一了，主动适应改革，积极思考的能动性大大增强了。

（三）正确引导，良好氛围是做好综合业务大轮班的保障

调研中明显地感觉到，凡是平时注重思想教育、业务学习，注重培养提高职工综合业务能力的局站，适应改革、安排人员就比较得心应手；凡是那些历史包袱比较重、人员老化、技能单一、不求变的局站，适应改革的能力就差，安排工作就很吃力。所以，一个局站爱岗敬业的良好氛围从来不是一朝一夕的事情，都是平时日积月累的过程，在关键的时刻、重大的场合体现出巨大的支撑作用，实际上就是我们常说的"软实力"。

三、几个具体问题的思考

一是旗县局局务会的组成人选问题。应该包括以下人员：局长、副局长、纪检监察书记、防灾减灾科科长、综合管理科科长、气象台台长、气象灾害防御中心主任。

二是旗县局两个事业单位股室的确定问题。气象台设预报服务股和综合观测股，气象灾害防御中心设人影股、防雷检测股和技术保障股。临河局由于有农业气象试验站，可增设农气观测股和科研股。

三是旗县气象台业务岗位和市局相关业务科室的对应关系问题。生态与农气决策服务岗对应市局生态与农业气象中心，公众与专业专项服务岗对应市局气象灾害防御中心，通信网络保障岗对应市局技术保障中心，短临预报服务与人影作业指挥岗对应市局气象台。

交通气象服务调研报告

车胜利　卢　娟

（辽宁省气象局）

近年来交通运输业发展十分迅猛，已发展成为公路、铁路、空运和航运互相补充的多种运输形式。为进一步做好新形势下交通气象服务，辽宁省气象局调研组前往省高速公路管理局、沈阳铁路局、民航东北地区空中交通管理局，锦州、盘锦市交通部门以座谈、问卷的方式进行了调研。

一、辽宁交通概况

辽宁是东北地区的交通要道，也是东北地区和内蒙古通向世界、连接欧亚大陆的重要门户和前沿地带。

（一）公路建设

到2013年年底，辽宁省高速公路总里程已经突破4000千米，达到了市际贯通，大部分县连接。2012年初，全省公路总里程突破10.1万千米，实现100%乡镇通黑色路面，基本实现了100%的行政村通公路。

（二）铁路建设

以沈阳为中心共建铁路干线8条、支线50条，2014年中国铁路新投产总里程将超7000千米，铁路网密度达2.66千米/百平方千米，铁路密度、复线里程均居全国首位，基本形成了与省内城市和产业结构相适应的铁路网络布局。

（三）航空建设

到2014年底，全省共有沈阳桃仙国际机场、大连周水子国际机场、丹东机场、锦州机场和朝阳机场5处民航机场，已开通国内航线133条，国际航线32条，通航城市达124个。

二、辽宁交通气象服务现状

影响辽宁交通安全运营的主要气象灾害包括大雾、大风、强降雪（路面结冰）、强降雨。交通气象服务工作以上述灾害性天气为重点，组织加强预报预警技术研究，不断丰富服务产品，强化与交通部门信息共享。

（一）交通气象服务产品日趋丰富

根据交通部门的需求，在常规天气预报预警服务产品基础上，有针对性地制作辽宁省高速公路沿线雾的预报、辽宁省公路路面状况预报、辽宁省五大流域面雨量预报、辽宁省未来6～24小时降水趋势预报、辽宁省未来3～48小时降水定量预报、东北区域未来1～24小时降水定量预报、台风路径和降水量预报等预报产品，提供辽宁省即时天气现象报告，卫星云图、雷达回波拼图动画显示，以及辽宁省降水量实况资料实时查询等实况监测产品。

(二)交通气象服务手段不断加强

交通气象服务手段更为先进,从传统服务方式转变为现代的计算机网络、电子邮件、专业网站、电子信息显示屏和手机短信等多种方式相结合。其中,专业网站为公路、铁路部门分别建立了网页,信息能够以图表相结合的方式动态显示;组织搭建了具有声音提示功能的LED天气预警短信显示平台,并为相关用户免费调试安装。

(三)监测信息共享工作逐步推进

目前,省气象部门在沈山、沈大高速建设36套自动气象监测设备,高速公路管理部门在沿线布设了20套自动气象监测设备,406个摄像头;沈阳铁路局在沿线布设雨量自动监测设备263个。为充分发挥气象与交通部门的资源优势,实现双方资源有效整合和最大化利用,辽宁省局组织与交通部门就信息共享事宜进行积极沟通,得到了有关部门的大力支持。全省气象部门沈山、沈大56套自动气象监测信息、气象部门卫星遥感和雷达监测信息共享。

(四)气象与交通部门合作不断深入

近年来,辽宁省气象与交通部门的合作力度不断加强,方式不断创新,联合开展了监测预警技术研究、业务系统建设等多项工作。省气象局组织与省高速局、省交通管理局合作编制了《辽宁省高速公路安全运营气象条件影响指标》;与民用航空管理局签署《建立全面合作关系框架协议》。

三、辽宁交通气象服务需求调查与分析

(一)调查问卷统计

此次问卷调查涉及公路、铁路、航空部门,共发放调查问卷70份,收回70份,收回率达100%。问卷设计了三方面问题:交通部门对现有气象服务工作的满意度、灾害性天气预报预警、交通沿线自动气象监测设备建设。

1. 交通部门对现有气象服务工作的满意度

总体评价很好,对现有交通气象服务产品普遍感觉满意。100%的被调查者在总体评价一栏选择了评价最高级“好”;91%的被调查者对现有交通气象服务产品感觉满意,9%的被调查者感觉基本满意;2%的被调查者认为“交通沿线雾的预报产品”需要改进,应提高准确率;3%的被调查者认为“卫星云图、雷达回波图动画显示产品”需要改进,建议实现交通线路叠加。100%的调查者认为现有交通服务手段完全可以满足业务需求。

2. 影响交通安全的灾害性天气预报预警

95%的被调查者认为影响交通安全运营的灾害性天气主要有大雾、道路结冰、强降雨(雪)、大风、滑坡泥石流。高速公路沿线发生灾害性天气提前通知的最短时间为大雾3小时、强降雨(雪)6小时,铁路沿线为大雾1小时、强降雨(雪)3小时。

3. 交通沿线自动气象监测设备建设

100%的被调查者认为交通沿线自动气象监测设备作用很大,便于实时掌握沿线天气状况。32%的被调查者认为现有交通沿线自动气象监测设备较少,不能满足需求。

(二)需求分析

1. 用户对气象信息的价值给予充分肯定

及时、准确的气象信息能够为用户在面对天气变化时制定有效应对措施提供决策参考，使之尽可能地保障安全生产，减少因气象灾害导致的经济损失。

2. 需要针对性强、准确率高的气象预报信息

用户需要提供公路、铁路、大型桥梁、航空沿线的雾、雨、雪、霜预报，对交通运输的影响及应对措施等针对性强的综合气象服务信息，灾害性天气提前通知的最短时间多为 3～6 小时，对定时、定点、定量的精细化预报产品需求迫切，对天气预报准确率也提出了更高的期望。

3. 需要整合多部门交通气象信息，搭建信息即时共享平台

共享信息包括全省气象监测及预警信息、交通实景监测信息、道路管制和运营信息，用户希望建立部门间常态合作机制，基于数据库远程操作和 Internet 网站建设技术，搭建能够充分利用的信息即时共享平台。

4. 需要气象部门进一步完善服务方式

建立部门间沟通和交流机制。不仅能够通过网站、传真等方式接收气象服务信息，还能够通过电话、可视化会商系统、网站信息反馈平台等与气象专家进行直接沟通。在灾害性天气发生时，需要气象部门加密服务频次，开展跟踪服务。

5. 需要进一步扩大交通气象服务信息覆盖面

交通部门已能够及时、快速获取气象服务信息，但司机、出行大众获取交通气象信息的渠道仍有一定局限性。需要与气象部门合作，充分利用双方资源优势，拓宽交通气象信息发布渠道，扩大公众信息受益面。

四、影响和制约辽宁交通气象服务的突出问题

(一)尚未建立科学系统的气象条件对交通影响程度和指标体系

天气尤其是不同级别恶劣天气对交通影响的程度也不尽相同。虽然与省高速局、省交通管理局共同研制了高速公路安全运营气象条件指标，但实际应用中与需求还有一定距离。

(二)交通沿线监测资料缺乏，影响预报预警技术水平

省高速公路管理局在高速公路沿线 20 套自动气象监测设备因不能及时维护维修，导致资料基本不可用。省气象局仅在沈山、沈大高速公路建 36 个观测站点，无法反映全省高速公路沿线的实际情况。加之大雾、路面结冰、强降雨(雪)、霜降等灾害性天气局地性强、形成机理复杂，从而影响了交通沿线灾害性天气预报预警水平。

(三)部门间信息共享机制尚不健全，合作协议履行不到位

辽宁省气象和交通部门仅实现了高速公路沿线自动监测资料共享，公路沿线实景监测信息、铁路沿线自动雨量监测资料等尚未实现共享，尚未建立稳定有效的信息交换渠道。与有关部门签署了协议，履行方面有待加强。

五、提高辽宁交通气象服务能力的思考与对策

提升交通气象服务能力，明确“一个宗旨”，把握“三个重点”，采取“五项措施”尤为重要。

(一)一个宗旨

深入研究，大胆探索，加强合作，不断提高交通气象服务能力。

(二)三个重点

1. 重点加强部门间预报预警技术合作研究

加强交通气象监测和预报预警合作研究力度，开展恶劣天气对交通影响程度和指标研究，加强预报预警信息专业性、科学性。

2. 重点推进全省交通气象监测网络系统建设

通过政府投入建设资金、保障维护经费，气象部门协助建设维护的方式，在全省交通沿线布设自动气象监测设备，快速推进全省交通气象监测网络系统建设。

3. 重点加强交通气象信息共享

充分发挥部门间信息资源优势，建立稳定有效的信息交换机制；整合双方信息发布渠道，扩大交通气象灾害预警发布的覆盖面。

(三)五项措施

1. 进一步深化交通气象预报预警技术研究合作

深入研究交通气象监测和预报预警关键技术。开展能见度、降雨、积雪、霜降对公路、铁路影响程度和指标研究；研究路面湿滑对公路影响程度和指标。推进辽宁省高速公路气象保障服务系统建设、京哈线秦沈段时速200千米以上铁路沿线灾害性天气预警监测系统建设项目的立项和实施。依托项目重点开展高速公路沿线未来3～6小时大雾、强降雪短时临近预报预警技术研究，开展铁路沿线暴雨、大风等灾害性天气及洪涝、滑坡泥石流等衍生地质灾害的预报技术研究，建立预报模型和业务系统。与航空部门联合开展定点、定时、定量的精细化预报方法研究。

2. 构建辽宁交通气象监测网络

研究制定辽宁交通沿线自动气象监测站点布设方案，努力建成布局合理、功能齐备的交通气象监测网络。争取地方支持，将交通气象监测基础设施建设纳入各级交通建设规划，加快推进交通监测站网建设。在经费和条件有限情况下，可在高速公路沿线事故多发地段优先布设具备能见度、降水量、积雪深度、路面状况等气象要素的自动监测设备。

3. 进一步加强交通气象信息共享，拓宽信息发布渠道，扩大服务信息覆盖面

搭建双方工作机构能够充分利用的信息即时共享平台。按照“资源共用、信息共享、产品共建、市场共拓”的原则，整合全省交通气象信息资源，建立交通气象信息发布系统，依托计算机网络、Internet网站等现代通信手段，及时、快速面向交通部门、社会公众发布信息，扩大信息覆盖面，提升交通气象资讯水平。

4. 不断加强提升和完善公路交通气象观测站网建设

对已建的高速公路气象观测站点按照标准进行技术改造，使其发挥作用；对新建高速公路，将气象观测设施建设纳入项目概算，随项目同步建设；对于已建成高速公路，按照布局规划确需加密的，由省交通

运输厅牵头负责，省气象局协助，逐步完善站网建设。加强公路交通气象灾害监测预报预警能力建设。双方建立信息交互共享机制，敷设数据交互专线，建立数据共享目录，实现信息共享。

5.加强公路交通气象监测预报预警服务业务体系建设

编制公路交通气象观测站网布局规划，加强交通气象业务服务平台建设，提高预报预警的针对性和可用性，提供公路交通气象服务产品。推进公路交通气象监测预报预警服务业务体系建设，在推进公路交通与气象信息共享、提升交通气象灾害监测预报预警能力、建立长效合作机制等方面加强合作，充分发挥气象保障交通运输安全的职能和作用。

气象事权与支出责任调研报告

翟武全 韩苏明 陈红兵 王 茹 张耀军

（江苏省气象局）

一、引言

事权和支出责任，是中央和地方权责关系的核心内容。气象部门作为中央垂管单位，实行双重领导和计划财务体制，各级气象部门既要为地方经济和社会稳定发展做贡献，又要承担同级政府的社会管理与公共服务的职能，事权与支出边界不清，责任相互裹挟，在中央全面深化改革大潮的推动下暴露出一系列问题，亟需调查研究并着手解决。

二、调研方法与步骤

调研组走访了中国气象局相关职能司、江苏省财政、发改、海事等相关部门，深入基层市、县（市、区）实地考察、听取工作汇报、召开座谈会、与地方政府领导会谈，并赴广东、河北等省气象局进行了专题调研。

三、气象部门事权划分与支出责任现状

1949—1983年，江苏省气象部门和全国气象部门一样属于公益性事业单位，实行全额拨款。从1983年开始试行“双重领导，以气象部门为主”的领导管理体制改革。1992年国务院印发了《国务院关于进一步加强气象工作的通知》（国发〔1992〕25号），明确提出建立与气象部门双重领导管理体制相适应的双重计划财务体制和相应的财务渠道。

2000年1月1日，《中华人民共和国气象法》正式施行，以立法形式进一步明确了气象部门双重领导和计划财务体制的行业特点。同时，也对气象作为服务经济建设、国防建设、社会发展和人民生活的基础性公益事业的行业性质进行了明确定位。

三十多年来，在中央和各级政府的正确领导和大力支持下，气象部门坚持公共气象发展方向，坚持科技型、基础性社会公益事业定位，大力加强了涵盖公共气象服务系统、气象预报预测系统、综合气象观测系统的现代气象业务体系建设，积极探索气象管理体制机制创新和气象科技创新，气象服务效益有了显著提高，气象事业的发展环境有了明显改善。然而，从经济社会发展对气象服务的巨大需求来看，从气象事业长远发展的实际需要来看，中央和地方双重领导和双重计划财务体制虽然在一段时期内有力推动和保障了气象事业的发展，但双重计划财务体制从源头上就没把中央和地方事权与支出责任作出明确划分。从实践结果来看，长期稳定的投入机制仍未建立完善，一级事权由一级财政保证的长效机制仍未建立完善，气象部门在“双重身份”下事权、支出责任划分不清，长期游刃于央地“两头要、两头推”、从政府与市场两头博利的布局，陷入“爹不疼、娘不爱”的尴尬境地，事权不匹配、运行不顺畅的矛盾在基层气象部门表现尤为突出。

四、气象事权和支出责任存在的问题分析

1. 从宏观角度上看，中央与地方气象事权不清，支出责任不明

一方面，气象部门属于体制在中央、服务在地方的垂直管理单位，在财务体制上纳入中央预算管理。实际操作上，中央财政仅仅承担了编制内职工基本工资支出费用和部分气象基本业务维持费用等有限的刚性经费，大部分的气象基本业务维持费、职工地方性津补贴、气象现代化发展与建设支出等费用存在资金缺口，只能各显神通通过其他渠道解决。另一方面，气象部门为地方社会经济发展服务的各项支出应属于地方事权，由地方支出，但绝大部分的地方政府，尤其是市、县一级只关注气象项目经费的配套投入，且投入很大程度上要受地方政府对气象体制和工作认识以及财政收入的制约，差异性巨大。由此造成中央、地方两头事权都要管，而需要承担的责任支出两头都不管，互相推脱缺位的两难困境，阻碍了气象事业的健康有序发展。

2. 从中观角度上看，气象部门经费不足，体制机制混杂

由于财政经费缺口较大，地方投入机制不稳定，绝大部分气象部门无法摆脱部门利益束博，事无巨细地直接开展气象服务或中介性服务，以此解决公共气象服务发展所带来的人员经费、事业发展的支出需求。在一些经济发达地区，部门自主创收资金甚至在全部气象支出中占到50%以上的比例。基层各级气象部门既要行使领导、组织和管理气象活动，发展气象事业的权力，又要经营气象科技服务，想方设法搞创收，增加资金总量，保障事业发展。在一些地方政府支出相对薄弱的地方，部门搞创收，弥补支出缺口，仍然是工作的重心，气象事业的去GDP、去服务垄断仍然只能是一种理念、一句口号。气象工作的公益品质提升缓慢。部门内部实行政事一体化管理，政事不分，事企不分，职能相互交叉，人员、机构混合使用，既当运动员又当裁判员，下属的事业单位有些甚至根本不具备法人资格，事权不立，职能定位不清晰。

3. 从微观角度上看，具体到各级气象主管机构的气象行政权力事项、权力责任事项和公共服务事项不明，支出责任划分困难

根据《气象法》规定，气象是基础性公益事业，应把公益性气象服务放在首位，但同时又具有气象行政权力。根据事权和支出责任相一致的原则，拥有什么样的事权就要承担相应的支出责任，但由于国家相关政策法规出台较早，对各级气象主管机构的行政权力事项、权力责任事项和公共服务事项界定不明晰，不同层级气象主管机构哪些事情能做，哪些事情不能做，没有一个明确的范围，事权不明，支出责任就无法确定，财政资金也就难以争取。有的气象主管机构即使争取到财政资金，但与实际的项目支出不符，腾挪转移，存有巨大的违反财经纪律风险。

五、明确气象事权与支出责任的对策建议

1. 依法科学界定中央和地方气象事权

按照权责对称原则科学划分中央和地方事权，理顺中央和地方事权关系。应从法律法规入手，尽快修订完善气象法。气象法作为气象事业的发展大法，其中一些条款已经与现有气象事业的发展现状不相适应，甚至相冲突。修改气象法，重点应落在理顺政府与市场的服务边界及关系上，进一步细化央地在基本公共服务方面的事务权利与支出责任，依法完善气象事业的战略性布局。既然坚持双重领导管理和计划财务体制，则应顺应当前政府改革趋向，不应再持混沌操作、多头获利的理念。在保证上级主管部门有效约束的同时，还应考虑赋予地方政府一定的权力，既能统筹协调、集中力量办好大事，又能因地制宜满足不同地区人民群众的服务需求。在合理界定事权的基础上，建立相应的经费保障机制，哪级事权就由哪一级财政负责经费保障，比如将气象部门人员经费的国标部分保障、日常公用项目、基础性业务维持经

费、骨干性和跨区域项目建设和维持的经费支出作为中央事务列入中央财政预算，人员经费的津补贴（或绩效）和激励部分支出、地方气象业务和服务项目、基础设施建设作为地方事务明确列入地方预算，形成促进气象事业发展的合力。

2. 转变地方政府气象权责观念

当前，各级地方政府对气象事业发展中的事权划分不尽了解，对其应尽的支出责任也很模糊。一方面，各级气象部门要积极与地方政府主动沟通，大力宣传和贯彻落实国家的气象政策和气象法律、法规、规章以及规范性文件精神，明确地方政府对气象事业建设和发展的支出责任；另一方面，要进一步加强制度建设，修订相关文件，明确地方气象事权与支出责任，使各级地方政府转变观念，把气象事业的责任支出视为应尽职责，同时建立相应的考核和激励保障机制，提高对气象投入的重视，树立“事权谁享有、责任谁支出”的意识。

3. 深化气象体制机制改革

按管办分离原则，从体制机制上使气象部门政、事、企彻底分开。以促进气象事业发展为目的，以明晰政、事、企责任事项为核心，进一步深入推进事业单位改革，强化气象行业的公益属性，将现在所承担的行政职能划转到行政机构，对从事生产经营活动的下属事业单位逐步转化过渡为企业，气象主管机构真正履行政府管理职能，轻装上阵，集中精力做好气象行政管理工作，重点加强行业管理和社会管理，解决气象社会管理与公共服务能力不足的问题，为基层气象部门减负，真正调动社会资源和力量参与公共气象服务，为气象服务企业和社会组织提供良好的发展空间和氛围。气象事业单位充分发挥气象技术服务的主力军作用，引导气象科技创新。气象国有企业积极参与开放多元的气象服务市场公平竞争，在为社会提供优质气象服务的同时发展壮大自己。通过深化气象体制机制改革，明晰政、事、企经费保障渠道。

4. 依法清理气象行政权力事项、权力责任事项和公共服务事项，编制“气象精细化预算清单”

根据气象法律、法规、规章和规范性文件的规定，依法清理气象主管机构实施的对公民、法人和其他组织的权利义务产生直接影响的具体行政行为，包括气象行政审批、行政处罚、行政强制、行政奖励、行政确认、其他行政权力等，对气象行政权力进行分门别类梳理，做到不漏项、不留死角，全面摸清底数，逐项列出权力名称、行使主体、实施依据等，形成气象行政权力清单。优化权力运行流程，编制权力事项责任清单和公共气象服务清单，并建立“三清单”（权力清单、责任清单和公共服务清单）动态调整机制。以“三清单”促进气象事权的清晰界定。同时根据“三清单”加强预算管理，将事权明晰合理地落实到财政支出责任的“明细单”上，编制与“三清单”相配套的“气象精细化预算清单”，确保气象支出的规范化和制度化。

5. 强化对气象事权与支出责任的监管与问责

在中央和地方气象事权与支出责任明确，气象政事企事权与支出责任和经费保障渠道明确，气象行政权力事项、权力责任事项和公共服务事项与支出责任明确，气象精细化预算明确的基础上，要制定对违反气象行政权力清单、权力责任清单、公共服务清单和气象精细化预算清单管理制度的责任追究办法，切实加强对气象行政权力、权力责任、公共气象服务运行和保障的监督。对部门不作为、乱作为、违规行使或不当行使行政权力、超越事权责任和公共服务界限、保障不力的，要依法依规追究相应责任。要深化气象行政权力网上公开透明运行工作，建立和完善网上气象政务服务平台，将网上平台建设成集气象行政审批、便民服务、政务公开、行政监察等为一体的网上气象办事大厅，实现对气象权力运行的全程、实时监控，以确保气象事业依法、健康、持续的发展。

杭州市气象防灾减灾和公共气象服务体系建设调研报告

苗长明　何爱芳

（浙江省气象局）

一、加强杭州城市气象“两个体系”建设需求分析

（一）保障杭州城市发展和品质之城建设的需要

近年来气象灾害防御已成为城市管理中普遍面临的重大考验和严峻挑战。城市气象灾害具有脆弱性、连锁性和高影响性等特征，杭州是重要的风景旅游城市，气象灾害的敏感性更加明显，迫切需要加强城市气象“两个体系”建设，进一步提高公共安全、城市交通、供水供电、生产生活等气象保障能力。

（二）推进杭州率先基本实现气象现代化的需要

2012年以来，杭州市被列入全国率先基本实现气象现代化的试点城市，市政府出台《率先基本实现气象现代化试点工作实施办法》，已经取得初步建设成效。如何确保气象现代化领先水平，更好地发挥气象现代化效益，迫切需要通过加强城市“两个体系”建设，进一步规范、深化和完善城市气象工作。

（三）突破杭州气象事业发展瓶颈的需要

杭州气象工作不断进步，但是，城区气象工作机构不够健全、精细化气象监测预报能力有待提升、气象灾害预警信息尚未全面有效覆盖、社会气象灾害预防应急体系亟需完善、气象灾害防御工程性措施未有效落实、气象服务质量内涵有待提升等问题也日益显现，城区气象灾害防御工作和公共服务能力与政府、部门、公众需求不相适应的矛盾日益突出，迫切需要通过强化城市气象“两个体系”建设有效解决。

二、杭州城市气象“两个体系”的现状

近年来，杭州市立足省会城市、旅游城市、宜居城市、品质城市定位，按照“工作政府化、管理网格化、建设标准化、运行社会化”思路，探索城市气象“两个体系”建设，取得了初步成效。

（一）城市气象灾害防御组织体系基本建成

市政府加强领导，全面推进城区气象灾害防御组织体系建设。目前未设气象机构的6个区全部成立了区气象灾害防御工作领导小组，确定城管局为区气象工作责任部门，明确分管领导、责任科室，并配备一名专职工作人员；所有街道（乡镇）、社区（村）全部明确分管领导，落实气象协理员（信息员）。通过3年的业务培训和工作实践，目前城区气象工作责任部门和气象协理员（信息员）履职能力已经基本具备。

（二）基层气象灾害防御工作机制基本建立

各区政府每年召开工作会议，公布气象灾害防御重点单位，将气象工作列入“三定”方案，纳入当地综

合考核、平安创建和防汛抗台安全责任制考核，工作经费基本列入区级财政预算。全面建立了与“网格化管理、组团式服务、片组户联系”基层服务管理模式相配套的气象协理员(信息员)工作机制，城区6204个网格全部落实气象灾害预警信息传播设施和常态工作。建成气象防灾减灾标准化街道(乡镇)25个(占48%)、示范社区(村)21个，基层气象灾害应急预案编制及演练率、气象知识普及率、气象灾害防御能力明显提升。

(三)城市气象服务业务体系初步形成

城区布设自动气象站144个(平均网格距离4.6千米)，建有雾霾等城市生态环境监测网，先后开发了生活气象指数分析预报系统、气象决策服务系统、台风和暴雨预报业务系统、城市火险预报系统、空气质量AQI预报系统等，并以全国大城市精细化预报服务试点为契机，每年新研发推出1～2项城市气象服务产品。同时，配备了城市气象应急移动通讯指挥车和车载风廓线雷达，研发了大气污染扩散模拟及气象应急保障系统，城市突发事件应急气象服务保障能力得到提升。

(四)城市气象服务产品涵盖各行各业

开展环境类、旅游类、生活类、健康类、要素类等48项指数预报，并及时发布转折性天气、季节转换预报，生活气象服务贴心。开展西湖四季花卉观赏期、西湖龙井茶采摘指数、钱江潮汐观赏等预报和西湖游船服务，旅游气象特色鲜明。推出空气质量预报、负氧离子监测、雾霾监测预报、大气重污染预警等服务，环境气象与时俱进。推出城市用电指数、森林火险、山体滑坡指数、城市积涝、雷电灾害潜势等预报，防灾减灾和城市运行保障服务不断完善。

(五)城市气象信息发布渠道全面覆盖

气象影视节目已覆盖杭州电视台所有频道和市区公交移动电视，在杭各大平面媒体陆续开辟专版，四大广播电台全部建立气象实时播报。主城区布建了多媒体气象信息显示屏128块，景区、社区LED气象显示屏8块。共享学校、医院、车站等人员密集公共场所的889个信息传播设施、城区2300多块楼宇电子显示屏和车载显示屏、20余块户外显示屏、500多块公交电子站牌等开通气象信息传播。手机气象短信定制用户300余万；“杭州气象”网站日均点击率5万次。市级紧急异常天气短信应急平台的决策服务对象已涵盖党政领导及相关人员3000余人。建立了重大气象灾害预警信息数字电视全频道和手机全网分区发布平台，实现重大气象灾害全对象直达式快速发布。

(六)“气象推进、部门联动、社会参与”的气象科普教育常态化机制基本确立

建成杭州气象科普体验馆和杭州气象网上科普馆，每年接待来馆参观群众近3万人次；开展气象科普进学校、进社区、进工地、进机关、进企业、进公交，每年开展讲座近100场、播放气象科普影片300余场，气象科普在6000多辆公交车电视播出；每年开展主题日气象科普广场活动30余次，发放气象科普资料数万份；对气象协理员、信息员开展培训并配备科普资料，联合部门、单位和社区，利用宣传栏、黑板报、宣传横幅、路灯灯箱、网站等渠道广泛开展气象科普“六进”活动。

三、杭州城市气象“两个体系”总体目标考虑

杭州城市气象“两个体系”建设应当继续坚持“政府主导、部门联动、社会参与”的工作理念，围绕城市运行、城市安全、城市发展和民生改善需求，提高城市气象灾害监测预警能力，健全城市气象防灾减灾组织工作体制，完善城市公共气象服务机制，扩大城市公共气象服务覆盖面，提升城市气象灾害应急和风险管理水平，为城市发展和群众生活生产提供更加有力的气象保障。力争通过2～3年的努力，建成组织网络健全、应急联动高效、监测预警及时、防范应对科学，与城市网格化管理相适应的城市气象防灾减灾体

系，建成符合杭州城市特征、满足民生需求，服务产品多样、方式多元、高效便捷、覆盖广泛的城市公共气象服务体系。

（一）城市安全运行气象保障能力明显提高

通过部门合作，建成专业化城市气象保障服务体系，受气象影响敏感的重点部门和城市生命线系统基本形成个性化的气象服务机制。按照"五水共治"战略，建立城市积涝监测预警系统；围绕雾霾天气预报预警，建立环境气象服务系统；适应城市发展和运行，建立城市交通、供电、供水等气象保障系统。强化灾害风险管理，开展城市规划和重点工程建设的气候可行性论证和气象灾害风险评估。

（二）城市生活品质气象服务能力明显提高

面向杭州旅游城市，建立本地特色的旅游气象服务系统；丰富城市生活气象服务内容，与卫生部门合作加强健康气象研究与服务；加强基层气象服务能力建设，城市社区代办气象便民服务覆盖率达到100%；气象服务公众满意度达86分左右。丰富气象科普活动，每年气象科普直接受众人（次）数10万人次以上，全社会气象意识明显增强。

（三）城市气象灾害应急联动响应能力显著增强

市、区两级气象灾害防御领导小组及其办公室职责得到较好履行，全面建立多部门协同的城市重大气象灾害部门联合会商机制。以气象预警信息为先导的气象灾害应急预案体系及多部门应急响应机制不断完善，基本建立台风、暴雨、暴雪冰冻、持续高温等主要灾害分灾种应急预案和敏感行业应急响应方案。

（四）城市气象监测预报预警能力显著增强

提高气象监测时空密度，建立城市精细化气象预报产品及城市积涝、雷电、雾霾等预报预警业务系统。主城区气象观测站网平均间距达3千米，气象预报精细到街道，24小时晴雨预报准确率达到88%，灾害性天气预警信息提前30分钟以上发出。

（五）城市气象灾害预警信息传播能力基本实现全覆盖

进一步完善媒体和通信企业的气象灾害预警信息发布传播机制，推进气象预警信息与城市各类公众服务平台的互联互通，实现社区、重要公共场所和人口密集区、重点企事业单位的气象预警信息接收设施全覆盖。气象灾害预警信息公众覆盖率达到95%以上，重大气象灾害预警信息网格化管理单位覆盖率均达100%。

（六）城市气象防灾减灾组织体系健全率基本实现全覆盖

各区气象工作机构、责任部门和工作人员管理规范，街道气象协理员、社区气象信息员、气象灾害防御重点单位安全员队伍健全率100%。主城区所有街道完成气象防灾减灾标准化建设，建成100个防灾减灾示范社区，气象灾害防御重点单位和防雷安全重点单位监督检查和应急准备认证制度全面落实。

四、杭州城市气象"两个体系"建设重点建议

（一）健全城市气象工作组织体系

充分发挥市气象灾害防御工作领导小组和主城区防汛抗台、防雪抗冻指挥部及其办公室作用。建立市本级及主城区气象防灾减灾联席会议制度，健全多部门应急联动机制。进一步明确和规范区级、街道

气象工作机构，提高街道气象协理员、社区气象信息员、气象灾害防御重点单位和防雷重点单位安全员的业务素质和履职能力。

（二）强化城市气象业务基础支撑

加快临安新一代天气雷达建设。会同城管部门加强城市积涝实时监测系统建设，将城管部门的城区雨量站划归气象局统一管理并完善观测要素，使主城区气象监测站密度平均网格距离达到3千米。会同环保部门完善城市空气质量预报，做好雾霾天气和大气重污染预警。打造旅游、交通、电力等专业气象平台，开展针对性监测预报和预警服务。

（三）完善城市气象信息传播机制

完善气象灾害预警一键式发布平台、重大气象灾害预警信息全网发布平台及机制，健全广播、电视等公共媒体重大气象灾害预警信息紧急插播和高频次播报机制，实现电视广播全频道、全频率快速播出。依托“智慧杭州”“智慧西湖”及社区信息化资源，进一步扩大各类气象信息覆盖范围，努力实现重大气象灾害预警信息全覆盖。

（四）加强城市气象灾害风险管理

组织开展气象灾害普查、风险评估和隐患排查，建设气象灾害风险数据库，编制分灾种气象灾害风险区划。加快杭州通风廊道研究，开展城市规划气候论证，完善建筑规划、设计等领域的气象参数标准，合理规划建设气象灾害防御工程性措施，完善气象灾害应急预案等非工程性措施。

（五）优化城市气象灾害应急管理

健全以气象灾害预警信号为先导的分灾种气象灾害应急预案体系，着重规范社会组织和个人的职责和义务。加强气象灾害防御重点行业和单位的服务与管理，指导城市生命线系统运管部门及学校、医院等主动获取气象灾害监测预警信息，健全应急响应机制。继续开展气象防灾减灾应急准备工作认证和城市气象防灾减灾示范社区创建。

（六）深化城市公众生活气象服务

以气象预报精细化技术为支撑，面向公众发布精细到街道和重要功能区（点）的天气预报，逐步提高预报时效、发布频次和服务针对性。加强大气环境监测和分析，加强面向健康保健、疾病防疫、户外运动和老年服务事业等领域的城市生活气象服务。

（七）加强城市交通旅游气象服务

建设旅游气象服务示范区和精细化旅游气象服务系统，提供定时、定点、滚动的旅游气象服务产品和个性化旅游气象信息服务，提高旅游管理部门的计划性、旅游市场的有序性和中外游客旅行的安全性，提升杭州国际著名旅游城市的品牌价值。开展交通出行气象指数监测和预报，提高交通运行的畅通率、安全性。

（八）深化城市基层便民气象服务

加强社区（村）气象服务规范化，优化网上办理平台，常态开展气象证明、气象资讯、防雷咨询、气象科普等气象服务进社区便民活动。将气象科普纳入社会科普体系。结合新一轮行政审批制度改革，优化完善气象行政审批“形式审查制”，进一步提高气象行政审批服务效率和满意度。

福建省气象业务科技体制改革调研报告

魏应植 官秀珠 马 清 王 岩 冯 玲 林 秋

（福建省气象局）

一、现状分析

（一）业务技术体制建设情况

一是综合气象观测系统建设初具规模，气象灾害监测能力稳步提高。二是初步建立了逐级指导的省市县集约化业务流程，确保天气预报准确率稳步上升。三是以数值预报为核心，拓展了精准化气象业务新格局。四是加快综合气象业务平台建设，构建了集约化业务支撑系统。五是坚持“政府主导、部门联动、社会参与”工作理念，初步建立气象服务业务体系。

（二）气象科技体制建设情况

一是初步建立了以业务需求为主导的科技资源配置机制，支撑和引领现代气象业务发展。二是创新体制和机制，构建了福建省气象科技创新体系。三是营造良好氛围，建立了稳定的投入保障机制。四是增强持续创新动力，构建了开放合作的协同创新机制。

二、存在问题

福建省气象预报准确率和精细化水平与日益增长的社会需求之间的矛盾突出；气象灾害多发、频发、重发的省情与防灾减灾能力，尤其是气象科技支撑业务服务的能力之间的矛盾突出；所处的台湾海峡的区位地位与气象现代化水平在区域对比中差距之间的矛盾突出。具体表现如下。

（一）科技创新机制缺乏活力

气象科技创新意识不强，高水平精品科研成果较少，缺乏争取重大科技项目、参与高层次学术交流、申报高级别科技奖励的激励机制。科技创新环境不够宽松，科研所、省级业务单位、市局三类机构的定位、分工和责任不够明确，研发任务与机构、人员之间缺少有机整合，科研成果、科研与业务工作绩效的科学评估评价体系尚未建立，科研所、省级业务单位在科技创新中的辐射和带动作用尚待加强。科技成果转化应用能力不足，缺乏科技成果转化应用的规范化流程和科学合理的评价机制，在成果转化推广过程中普遍存在“没钱”和“没人”的问题，科研成果的价值未能在气象业务服务中真正发挥效益。

（二）业务服务支撑产品不够丰富

省、市、县三级气象业务服务产品定位不够清晰、重点不够突出，省级业务服务产品种类仍较为单一，产品的精细化程度不足，具有区域特色的业务产品较少、向行业用户的服务产品的针对性不强，支撑作用未得到充分发挥，对市县级的指导仍有待加强。市县级业务服务产品缺乏针对性，体现地方优势的产品不多，业务服务产品的质量远低于需求水平。在产品的共享方面，尚未完全实现气象各个专业、各层级业务工具的集成，上下级业务资源、信息共享仍不够充分，行业、部门间资料共享机制、数据标准化以及信息传输途径还没有完全建立，一体化的全省气象综合业务平台尚待进一步建设和完善。

(三)省、市、县业务分工不尽合理

省、市、县三级业务分工定位仍不够清晰，业务职责不够明确，重复建设的问题仍然较为突出，上下互补的业务流程尚未完全建立。业务岗位设置仍较粗放，上级台站的技术优势和下级台站的地域优势未得到充分的发挥，逐级业务指导能力有待加强。县级综改后，业务一体化、功能集约化、岗位多责化的县级综合气象业务体系亟待尽快建立。

(四)科技支撑方向缺乏引导、科技研发能力缺乏统筹

目前福建省在国内有影响的行业领军人才少，与现代气象业务发展对人才的需求存在较大差距；主要由竞争性科研项目来引导科研方向，课题种类和方向较多，而在组织大的、具有地方特色和优势的国家级项目方面却难以形成合力，很难形成稳定高效的气象科技创新团队；在部分单位中，科技创新团队建设的意识还有待加强，科研人员往往单打独斗，未统筹组织形成合力，承担国家级、省级重大科研项目的能力不足。

(五)科学高效的业务、科研考评机制尚须完善

现有的业务、科研考评机制更多地侧重于对项目、论文、成果的数量、级别、是否获奖等进行评价，在原始创新和解决业务发展需求的实效方面关注较少，以技术突破和业务贡献为导向的评价制度尚未完全建立，考评机制的引导和激励作用未充分发挥。

(六)区位优势和特色领域作用未充分发挥

海峡气象科学研究仍然较为局限，为海峡/海洋业务服务提供指导产品和科技支撑的能力不足；科研所、省级业务单位在区域特色科技创新中的辐射和带动作用体现不够充分，科技创新主体作用发挥不明显，与“一院八所”等院校间的科研合作机制不健全，引导和带动全省科研工作方面的作用尚待加强。

三、对策建议

(一)明确科技攻关导向

1. 聚焦海峡气象特色领域

海峡气象已经确立为福建省发展的特色领域，尤其要将发生在台湾海峡中的气象科学问题、防灾减灾问题、气象服务问题列为科技攻关重点。

2. 持续支持台风暴雨研究

台风暴雨是福建省的重大气象灾种，围绕台风暴雨预测预报关键问题开展科技攻关是不变的主题，其中，又以海峡致灾大风和闽江流域致洪暴雨的研究为重中之重。

3. 强化短时临近预报预警技术

短时临近预报预警不但要从技术上组织攻关，也要在调整业务流程和优化业务布局上加以强化。

4. 发展区域数值产品释用

充分利用现代科学技术手段，围绕数值预报释用技术、发展海峡区域数值产品来开展攻关。

5. 支持数据深度分析应用

高度重视数据采集、分析与应用，从海量的气象数据中挖掘深层价值，充分发挥探测系统和气象大数

据的效益。

6. 针对敏感行业服务研发

加强敏感行业气象服务需求分析和调研，针对暴雨、高温热浪、雷电、大风、雾霾等影响城市安全运行的灾害性天气预报预警技术开展攻关，开展城市防涝、人影、雷电防护、大气污染综合治理等领域的气象减灾工程技术研究。

7. 围绕地方需求特点研发

要围绕当地或本单位的防灾减灾需求、服务需求或业务需求实实在在组织科技研发，不求大、不求全，但求实用，一切以用为先。

（二）优先产品研发组织

1. 构建全省气象综合业务平台

搭建统一的综合业务平台，实现各岗位业务、各层级业务、一线人员和管理人员使用同一个平台，实现灾害监测、上下联防、信息监控、资源共享、技术交流、成果转化等业务功能一体化。

2. 形成区域数值预报释用产品特色

充分发挥高性能计算机的作用，优化区域数值模式，融合多源数据资料，加强集合预报应用和产品检验应用，形成海峡区域数值释用产品特色，特别要在短时效降水滚动预报和台湾海峡针对性服务等方面提供核心科技支撑。

3. 研发海峡气象服务特色产品

台湾海峡天气复杂，灾种多。海峡航运、港口作业、海上养殖、港湾工业、海岛旅游等涉海活动，对气象条件都十分敏感，必须在提升服务产品的针对性和精细化水平上下功夫。

4. 提供基层特色产品上线通道

在综合气象业务平台上，为各级基层业务单位提供特色业务服务产品上线通道。各级特色服务产品应涵盖决策气象服务材料、专项气象服务方案、城市精细化预报产品、特色农业气象服务技术等。

5. 科技成果实时检索分享

实现全省气象科技成果分类检索，以及与本省关联度高的国内外前沿性气象科技成果检索。

（三）优化业务流程与分工布局

1. 细化省级业务分工

例如，预测预报细分为短临、短期、延伸期和气候等业务，服务方面除了公共气象服务项目外，还有各类评估、评价、灾害预警等，特别要重视借助新技术手段开展的业务，如格点化预报、城区积涝预报、污染物扩散预报、航线预报等等。

2. 增强对下产品支撑支持

省级要进一步加强全省业务产品的组织和生产，不断提高产品的针对性和精细化程度。市级要对各类业务服务产品进行适当归类、过滤、强调和精简。

3. 突出省级装备与信息保障工作特色

明确分工，突出特色。监控业务要集约化运行。大力发展气象探测装备运行状态和寿命信息的跟踪与监控技术和远程诊断技术，强化省、市、县三级装备保障的业务分工，以缩短设备故障维护时间为目标，进一步提高装备保障技术水平。信息保障工作要从通信传输向信息技术研发应用转变，向海量数据要效益。

4. 优化市级岗位分工

一是预报预警业务,包含全时效预报业务和决策气象服务、公众气象服务和专项气象服务,作为核心业务,要求技术全面、综合能力强。二是专业气象服务,要求以效益为前提,突出特色,在针对性和精细化上下功夫。三是信息网络保障业务,要求专业化、实际动手能力强。

5. 综合化县级气象业务

要分清主次,抓住重点,突出"气象服务"主线,综合化预报服务、气象观测、装备和信息网络保障等业务,要将具备预报基本技能作为综合气象业务岗位的基本要求。应当通过设置首席或业务技术带头人来推动县级气象业务综合化工作。

6. 强化基层监测预警工作

要进一步强化县级对"三性"天气的监测预警,一是加强技术手段监测告警,二是加强联防联动,三是及时发布预警信息,要把监测预警工作作为县级综改的重要考核内容。从岗位考核、年度考核、岗位练兵抽查考试等多方面予以落实,确保综改取得成效。

(四)激发团队与人才创新活力

1. 构建合作共建平台

积极构建海峡气象科学研究所和海峡气象开放实验室科技创新平台,研究制订"化零为整,抱团创新,合作共赢"的运行机制,充分发挥地域优势,聚焦迫切需求的海峡气象难题。以"海峡民生气象论坛"和两岸联合创办《海峡气象》为抓手,发挥福建的桥头堡作用,彰显两岸气象科技交流中心地位。

2. 组建创新团队

积极支持多个气象专业领域的创新团队建设,从政策、人才、项目、资金等多方面给予扶持。鼓励处级单位围绕重点领域关键技术攻关组建创新团队,培育省级创新团队后备力量。

3. 培养领军人才

积极扶持领军人才成长,将其纳入事业发展战略需求,加强统筹规划和协调指导,帮助解决诸如联系高层次专家一对一帮扶等具体问题。

4. 强化专业技术人才岗位管理

强化各层级专业技术人才岗位职责,通过对业务岗位履职、业务服务效益、业务科技收获、业务人才指导等多方面的科学评价与考核,倡导进取性履职,实施岗位竞聘,鼓励低职高聘,充分激发专业技术人才的积极性和创造性。

5. 发挥首席专家作用

积极发挥省级首席专家的学科带头作用、市级首席的骨干作用和县级带头人的综合能力作用。通过首席岗位,树立标杆性榜样,提升部门的科技型形象,提高岗位履职质量。

6. 选拔县级综合气象业务技术带头人

县级综合气象业务带头人应当业务技能全面,核心业务水平较高,工作责任心和团队合作意识强。县级综合气象业务技术带头人和县级首席可以是一体。

7. 一对一帮扶年轻人才成长

完善省局领导联系专家制度,建立一名局领导联系若干名专家的办法。建立新进毕业生导师。要进一步加强一对一帮扶力度,例如推荐参评正研高工,帮助联系高层次专家给予有针对性辅导等,促进年轻人才早日成才。

(五)完善业务、科研考评考核机制

1. 科研成果要以用为先

科研成果应当以用为先,以支撑业务服务为导向,以对业务服务产生的贡献与效益为评价准则。加大业务用户单位和第三方对科研机构、科研成果实际使用情况的考核比例。推动科研成果向业务服务现实生产力的转化。

2. 业务水平要以效益论高低

对单位、个体、工具等,衡量其业务水平都应当以业务服务效益为标准。

3."省队"科研要开放协作

省级业务科技团队和骨干,应当联系本单位、本地区迫切需求问题,瞄准前沿性、高层次项目,带着问题走出去,倡导联合或组合,既不能封闭,也不宜单干,坚持"开放合作共赢"原则,提高省级科研队伍的核心竞争力。

4. 省级业务质量要以周边省份水平为参照系

近年,福建省的业务质量稳步提升,克服复杂地形的困难,目前位居南方十省的上游水平。在业务改革中,仍需制定科学的管理、考核办法,进一步提升福建省的业务质量水平。

江西省基层气象为农服务社会化发展调研报告

詹丰兴

（江西省气象局）

一、当前国内政府购买服务实践

（一）我国政府购买服务地方实践

以 1995 年上海浦东区委托基督教青年会管理综合性市民社区活动中心为标志，我国开始打破以往政府全盘投入和管理的模式，大胆探索政府向社会组织购买公共服务新模式。此后，上海、广东、江苏、北京、浙江等地纷纷开展了政府购买公共服务的探索，购买范围逐渐扩大到教育科技、健康卫生、文化体育、社会福利、政策咨询等诸多领域。不过，目前我国政府购买服务实践主要还是以养老、社会服务，以及承接政府部门的部分职能为主，购买领域局限，特别是对主导性强、技术性高以及面向农村基层的公共服务领域的购买行为较少。

（二）江西省政府购买服务基本实践

2005 年开始，江西省政府和亚洲开发银行合作，由江西省扶贫办出资、亚洲开发银行贴息，利用政府购买的招投标方式，动员社会组织参与江西扶贫开发事业。2007 年，江西又开展了政府购买公共社区卫生服务试点工作。党的十七届五中全会后，吉安市鼓励社会力量、民间资本参与养老服务业，现已初步形成社会养老服务格局。在加快现代农业建设进程中，江西大力促进了全省农业社会化服务体系的快速形成，截至 2014 年 4 月底，全省各类农业经营性服务组织逾 7 万个，成员逾 65 万人。2014 年 4 月，新余市政府将投融资项目工程预决算评审业务委托给造价咨询机构。虽然江西在政府购买服务的多个领域进行了探索，取得了一些效果，但由于经济社会的发展水平与沿海发达省份有一定的差距，总体上政府购买服务工作还处在起步阶段。

二、推进江西省气象为农服务社会化发展思考

（一）必要性分析

1. 江西省基层气象为农服务基本情况

多年来，基层气象为农服务工作主要是依靠基层气象部门自身的力量来承担。但随着保障粮食安全、发展现代农业、繁荣农村经济对气象服务提出的需求越来越大、要求越来越高，基层气象部门自身的问题日益显现，如以基本观测和科技服务为重点的业务型定位还没有根本改变，机构设置、队伍总量没有大的变化，人员知识结构不合理、业务服务能力不够强、科技支撑不够等问题依然存在，人少事多矛盾凸显，同时社会对基层气象部门公共服务、社会管理职能的了解不够，对气象在防灾减灾和农业增产增效中发挥重要作用的认识不到位。

2. 开展政府购买基层气象为农服务的意义

通过政府购买气象为农服务，将部分气象为农服务职能交由社会力量行使，有利于转变气象部门职能，符合社会分工最优化要求。通过政府购买服务，气象部门逐步将一些事务性、服务性工作剥离给社会组织或机构，气象部门逐步从气象服务的承担者向组织者与实施者并重要角色转变，社会力量成为政府有力的合作伙伴，从而有效缓解当前基层气象部门人少事多、服务针对性不强等问题。此外，社会组织由于根植于社会，贴近群众，反应迅速，机制灵活，能及时了解服务需求，及时提供多样化、专业化、个性化的服务，同时因竞争的存在和一些专业社会工作者的加入，有利于提高气象为农服务质量和资金使用效率。

(二)可行性分析

1. 政策驱动

国务院办公厅 2013 年 9 月出台《关于政府向社会力量购买服务的指导意见》(国办发〔2013〕96 号)，对加快政府职能转变、促进公共服务质量提升提出了要求，对界定购买主体和承接主体、规范政府购买公共服务实践等给出了指导意见。2014 年 7 月，江西省政府印发《关于政府向社会力量购买服务的实施意见》(赣府厅发〔2014〕27 号)，明确了江西政府购买公共服务的总体方向和发展目标，结合江西省实际就建立完善购买制度、培育社会组织、转变政府职能、积极开展试点等工作提出了具体意见。

2. 需求推动

江西农业正在由传统农业向现代农业转变，在全球气候变暖的大背景下，各类极端天气气候事件发生频率明显加大，农业增产、农民增收、农村繁荣迫切要求利用现代科学技术发展农业气象业务，迫切需要建立健全农村气象灾害防御体系。这就要求气象部门加快创新服务机制，改进服务供给方式，全面提升农业气象服务能力。

3. 模式借鉴

目前全国多地通过政府购买的方式在养老、疾病防控、社区服务等诸多领域取得了较好成效，在合理界定购买范围、明确购买目录、厘清购买主体、规范市场准入、完善购买程序、健全监督机制等方面积累了诸多经验，可提供可借鉴模式。

(三)江西省开展政府购买气象为农服务存在的主要问题

1. 认识不足

江西省服务市场化水平较低，社会对政府购买服务这一新理念还未真正接受，包括部分社会组织、企业、气象部门自身对政府购买服务缺乏了解，不清楚相关政策、流程，甚至混淆购买主体和承接主体，社会公众也同样对政府购买服务这一新理念知之甚少，对社会力量提供服务难免存在不信任现象。

2. 法规和制度缺失

当前江西省政府购买气象为农服务还处于探索准备阶段，资金使用、绩效评价、定价机制、市场监管等均需要通过试点逐步建立和完善。

3. 社会组织数量少且发展不成熟

尽管近年来江西省涌现了一些行业协会、社区组织、合作社等社会组织，但在建设和管理上还不够成熟，整体实力不强、规模偏小、能力偏弱、资源匮乏、运作不规范、公信力较差。而气象为农服务专业技术性强、社会人才少，目前市场能承接气象为农服务的社会组织更是少之又少。

(四)几点建议

1. 加快培育社会力量参与气象为农服务

采取有效措施，建立激励机制，吸引、鼓励甚至主动培育能承担气象为农服务的社会力量。一是有选择地加大对社会组织、企业的技术支持力度，加强对社会有关人员的气象科技、产品制作、气象灾害科普、设施维护等的培训。二是鼓励和推荐优秀社会人才加入到社会组织、企业工作，增强社会组织、企业服务力量。三是与承接服务的社会组织建立常态化联系渠道，及时传递有关行业政策、动态和法规、规章等信息，扩大其信息来源。四是定期开展业务指导，积极组织协调解决基层气象为农服务中的问题。五是在政策条件允许情况下，可通过相关政策优惠、制度环境优化、加大财政扶助等措施，激励更多民间组织和企业参与购买基层气象为农服务。

2. 充分界定气象部门在购买服务中的职责

气象部门在购买气象为农服务过程中的主要角色是“购买者”“监管者”和“制度供给者”，其主要职责是草拟标准合同服务内容，制定合理的方针政策、规则和标准，执行服务监管；进行制度创新、制度供给和制度实施，营造一个有利的整体环境，促进购买服务的顺利实施。简单而言，其职责就是决定公共服务项目应由谁去做，为谁去做，做到什么程度或何种水平，怎样付费等等。在购买服务中，将涉及成本核算、合同招标、合同制定、成效评估等一系列专业性环节，气象部门相关人员在谈判技巧、监管能力、评估水平等方面必须进行一定的培训与强化，做“精明的买主”。

3. 建立体制机制，强化制度保障

尽快建立并规范完善申请受理—资质评估—竞争审批—项目资助—全程监管—事后评价和审计等操作流程。建立政府购买气象为农服务预算，设立专项资金，确定相应的经费管理使用办法；建立良好的服务对象投诉机制，保证服务对象向气象部门而不是向服务承包商进行投诉，必要时可建立由上级气象部门接受投诉的机制；建立科学的服务满意度指标测评体系，形成完善的资质评估和服务满意度评估等评估制度。

构建专业化的气象为农服务效果评估机制，要从如下几方面着手：一是制定可操作化的评估标准，评估标准应当分级，同时要根据气象为农服务的对象来设定不同的评估标准；二是建立评估专家库，吸纳专家学者参与评估，提高评估的专业化水平；三是在评估方式上，避免以听取汇报和检查为主，要以客观事实为依据，注重定期考核与结果考核相结合；四是引入社会评估机制，加强组织自律，增强公信力，探求由学者和专家组成的独立于政府部门的第三方评估机构，在相关理论和有关参考标准的基础上，制定相应的评估指标体系。

4. 明确购买内容、标准和价格

并非所有服务的供给都适合采用政府购买方式。气象部门要厘清购买服务内容和自身承担的公共服务内容，制定明确详细的购买目录，便于社会力量根据自身条件和能力选择性购买。购买阶段，要细化与承接主体的合同条款，对于购买的服务项目要尽量清楚准确地列出服务标准、质量、要求、规格等，同时要按照《政府采购法》等相关法规条例对购买的逐项内容进行明确定价。

5. 确保资金来源，规范支付方式

气象为农服务是政府的基本职责，各级气象部门应努力将购买服务的资金纳入当地公共财政预算。此外，搭建和完善政府购买气象为农服务平台和渠道，发挥公共财政引导和扶持作用，吸引民间资本投入基层气象为农服务，拓宽基层气象为农服务购买资金来源。在确保资金来源的基础上，应提高资金的使用效率，规范支付方式。

6. 加强宣传

政府购买气象为农服务作为新生事物，气象部门应积极争取社会的知晓和广泛认同，充分利用电视、广播、网络、报纸等宣传媒体进行广泛宣传，营造良好的舆论环境，让公众、社会力量了解有关政策、信息、资源。还应引导媒体发挥监督作用，积极宣传运作良好、守信的社会组织和运行机制，及时披露、曝光失信的社会组织和不当操作，保障政府购买气象为农服务工作健康发展。

湖南省气象部门劳动用工情况调研报告

常国刚　邹燕姿　李　振　罗　琨

（湖南省气象局）

湖南省气象局下发了《湖南省气象部门劳动用工管理办法》，并对株洲、岳阳、郴州、益阳、娄底、邵阳、常德、张家界自治州等9个市州局，攸县等11个县（区）局和1个省局直属单位的劳动用工情况进行了调研，采取召开座谈会、个别访谈、发放问卷调查表等形式与132名劳动用工人员进行了交流。

一、劳动用工调研概况

近年来，气象部门编制外人员队伍在不断壮大，劳动用工形式也趋于多样化，覆盖到气象管理、业务、服务等多个领域。截止到2014年3月末，湖南省气象部门共有造册登记的劳动用工人员763人，其中单位用工596人、原人事代理89人、劳务派遣33人、其他形式用工45人。从调研的情况来看，劳动用工人员主要从事业务技术、科技服务、行政辅助、后勤保障等工作，学历层次基本是本科及以下。

二、劳动用工存在的问题及原因分析

（一）劳动用工需求矛盾突出

目前，湖南省气象部门劳动用工人员数量与编内在职人员数量比率超过1∶4，用工规模在逐年增加。

一是近年来随着气象部门承担的工作量大大增加，特别是在推行县局综合改革过程中，基层工作任务大大增加，新增的工作任务往往靠使用编外用工来解决和应对。因编制管理有刚性约束，参公编制从严控制，使基层用人矛盾更为突出，不得不聘用劳动用工。

二是部分政策性安置和照顾性安置采取了劳动用工的形式。主要为了解决一部分子弟、家属、退伍军人安置，为社会分担就业压力。

三是劳动用工是相对灵活的用人方式。劳动用工的使用方式、薪酬标准通常是用人单位自主选择、自行确定，用人单位自主权大、程序简便。特别是后勤保障社会化不够，通常靠劳动用工来解决后勤服务保障，导致编外人员素质参差不齐、规模偏大。

（二）劳动用工管理能力弱，制度约束不到位

早期劳动用工主要从事技术含量较低的岗位工作，现阶段则有许多被安排在测报、科技服务、财务等专业技术和管理类岗位工作，但针对劳动用工管理的重视不够，管理能力弱，相应制度缺失，或制度约束不到位。

一是缺乏合理的考核和激励机制。考核和激励机制的缺乏和不健全，导致劳动用工的继续教育、业务培训、职称评聘、外出考察、使用推荐等诸多权益方面不能得到保障，也导致劳动用工人员干得好的得不到奖励，干得差的缺乏应有的制度约束，干好干坏一个样；由于编制限制，劳动用工人员即使很优秀，也很难突破“编内”这个瓶颈，影响了积极性的发挥。单位对劳动用工缺乏统一规范的进出管理制度和考核

管理制度,劳动用工和用人单位双方的权益保障都不能到位。

二是缺乏多种用工形式的管理经验。现阶段单位劳动用工形式主要有通过上级人事部门认可的人事代理、通过人才市场实施的人事代理、通过人才公司或劳务公司派遣用工、单位直接使用的用工人员等。多种劳动用工形式并存,存在一定的管理难度,目前还缺乏有效的管理经验。

三是缺乏劳动用工管理理念上的创新。在传统的管理理念上,往往只是注重编内人员,对于劳动用工人员的管理,长期以来一直依赖用工单位自主管理,致使劳动用工人员的进入、使用、管理都不相同。必须转变观念,创新管理,提高人事部门的服务意识和服务水平,维护和保障用工单位与劳动者的合法权益。

(三)劳动用工管理难度不断加大

一是合同签订不规范,存在维权隐患。《湖南省气象部门劳动用工管理办法》下发以来,有的单位使用劳动用工签订了合同,有的单位没有签订合同,有的单位合同到期没有及时续签;有的合同签订很不规范,有些合同条款中的劳动合同期限、工作内容、工作时间和休息休假、劳动报酬、社会保险等必备内容缺失或含糊不清,有的合同中用工单位与用工人员的权责划分不明,没有解聘条款,导致“请神容易送神难”,还有更为极端的情况是个别用工人员由于参照编内人员执行同等待遇后不愿签订合同,想以此要挟单位要求进编,给用人单位留下了严重的隐患。

二是社会保障不到位,存在维权隐患。各用人单位对于编外人员的社会保障特别是保险的购买未能完全按规定执行到位,存在隐患。其中问题特别突出的是曾经参照编内执行人事代理的人员,这部分人员大多没有购买保险,而他们中有些人已接近退休年龄,再不采取补救措施将来必成困难。

三是制度执行不严格,存在维权隐患。劳动用工人员在待遇上的差距,导致其相互攀比,造成管理难度加大和单位的不稳定因素。再加上有的单位对使用劳动用工人员风险控制意识不强,造成劳动用工在管理上的随意性,制度的执行不严格,导致劳动用工权益保障不到位,随着劳动用工人员维权意识的增强,劳动争议也在不断发生,劳动争议矛盾日趋激化。

(四)劳动用工待遇差距大,对劳动用工人员人文关怀不够

本次调研中,劳动用工人员反映最为强烈的仍然是待遇问题。总体来说,劳动用工人员的待遇普遍低于编内人员,给劳动用工人员造成了低人一等的感觉。由于没有很好的进编渠道和晋升渠道,劳动用工人员在职业生涯发展上受到限制,对单位缺乏归属感和组织认同感。从角色心理上看,造成了代理与非代理、正式与非正式、编外与编内人员的心理落差,形成诸多不稳定因素。

不同单位在劳动用工人员待遇上多少都存在差异,这与用人单位所处的地域、经济实力、用工数量、用工来源都有一定的关系。

一是人员本身素质形成的差异。长期以来,劳动用工人员主要由各单位自主进人,所进人员有些确属事业发展需要面向社会招聘的,然而有相当部分劳动用工人员是因为各种原因进入的,因人设岗现象普遍。有的待遇已经与编内人员基本一样,但有的由于用工人员本人的学历、从事的岗位、工作年限和用工单位的管理模式不同,在待遇上差距较大。

二是代理种类多样形成了差距。2008 年以前实行过一段“人事代理”制度,在解决部分优秀劳动用工人员的待遇上确实起到了积极作用。但 2008 年以后 “人事代理”制度停止执行,但很多单位仍然在沿用“人事代理”制度,参照标准也五花八门,形成了待遇差别。

三是地域差别导致的差距。各个用人单位所在的当地经济发展不一样;各个单位科技服务收入水平不一样;各个单位自行制订的用工薪资标准也不一样。用工形式和工作性质一样,薪资标准却不统一,导致有的劳动用工人员不比业绩,只比待遇,增加了单位的用人成本和管理难度,不同单位之间编外人员待遇也不平衡。

三、强化劳动用工管理的对策及建议

(一)建立规范化管理机制,实现依法依规管理

依法依规对编外用工人员实行规范化管理,明确责任主体,建立管理部门和用人单位协调配合、各司其职的联动机制。省气象局人事处主要负责编外用工计划的审批,牵头劳动用工情况的监管工作;各市州气象局负责所辖县气象局劳动用工计划的编报、审核,负责组织辖区内劳动用工的统一招录,并对用工单位签订劳动合同、用工情况等实施监管;用人单位负责按有关法律法规和政策落实本单位劳动用工的使用管理,包括考核、请退,按规定签订劳动合同、办理社会保险等。

(二)建立总量控制机制,实现用工岗位管理

气象部门的劳动用工人员纳入总体规模控制和管理范畴。科学设置用工岗位和岗位职责,按岗定人。一要强化计划管理,对用人单位的劳动用工实行计划申报、核准制度,从源头上严格加以控制。二要统筹编内和编外管理,定岗明责。严格定岗核编,对所有的岗位进行分类和评估,要将劳动用工的岗位划归到单位整体的岗位设置中考虑,明确劳动用工各岗位的岗位职责,划分出核心关键性的岗位以及可替代性强的岗位。三要加强宏观调控力度,引入竞争机制,通过有目的、有计划地优化劳动用工队伍,要挖掘人员潜力,充分调动现有人员的积极性,减少劳动用工数量。

(三)建立考评考核机制,实现收入稳步增长

强化业绩导向,做好综合考评,动态薪酬管理。打破身份壁垒,变身份管理为岗位管理。在薪酬方面,重在健全考核机制,建立公平、科学、规范的绩效考核制度和薪酬分配机制。建立分层、分类的绩效考评体系,对编外用工进行公开、公正的考核,考核结果作为岗位调整、等级晋升、档次进退、奖励分配的重要依据,充分激发每个人干事创业的积极性。制定出根据劳动用工人员的工龄、技能职称等的变化而相应升涨工资的标准和机制。使各单位在不提高用工总成本的前提下,以突出劳动用工人员工作业绩、岗位科技水平以及劳动用工人员的工作表现等因素确定薪酬待遇,形成科学、合理、有效的薪酬体系,并通过薪酬体系的优化建设,形成编外用工管理的良性循环。

(四)建立人文关怀机制,实现入编渠道畅通

加强与劳动用工人员的沟通和交流,凝聚编外队伍,要关心劳动用工人员、尊重劳动用工人员、信任劳动用工人员,与他们进行思想沟通与情感交流,给予充分的尊重、理解、信任和关怀,从而创造一个能为他们实现自我价值、舒适和谐的工作环境。从维护劳务用工的根本利益出发,激发他们的工作热情。使加薪、晋升、培训等方面的政策成为制度,用这种“制度激励”来实现劳动用工人员追求平等待遇和保障的依据。还要通过一定的分类管理制度,吸纳优秀劳动用工人员进编。

构建特区新型气象公共服务体系的调研报告

深圳市气象局

一、深圳市气象公共服务现状

(一)独具个性的气象服务文化

一是始终坚持“两个融入”的发展思路。在业务上,主动融入全国、全省气象大网络、大格局、大思路,与行业的业务体系、技术标准和规范要求相衔接,推进包括综合探测系统、预警预报系统和公共服务系统在内的现代业务体系建设。在行政上,主动融入地方政府和地方经济社会发展大环境,围绕地方政府服务社会的需求,以“科技气象、精细气象、民生气象”的发展理念,不断挖掘和扩展公共服务的新内容和新方式。二是始终坚持“共建共享,共研共用,联动联防”的发展模式。先后与10多个部门共建探测设备,共享探测数据,实现部门优势互补,互惠双赢。借助深圳政府与社会公共资源,发挥深圳科研与企业创新平台的力量,共研共用创新成果,搭建便民服务的气象信息共享平台。建立跨部门的气象灾害联防机制,联合开展气象公共安全治理工作,管理与服务互为补充、互相促进,做到凡是市民关注的重大活动、重大事件都有气象服务参与,在强化管理功能的同时,增进了社会和各部门对气象工作地位和作用的认同度。

(二)法治引领的“五化”标准业务

构建了气象灾害防御法治化、业务服务标准化、行政审批规范化、监督执法协同化及行业管理有序化的“五化”业务标准体系,实现了经验管理向标准化管理的转变。制定了气象相关地方性法规16部、地方标准8项以及业务服务若干规章制度,涉及气象事业发展、气象预警、气象灾害防御、气象探测环境保护、气象行政许可、防雷管理、气象信息发布、信息共享、气象服务等多方面。

(三)以人为本的气象服务系统

构建一体化、智能化、协同化、人性化的气象服务系统。一是发展现代化的气象业务系统,二是创建“接地气”的气象服务模式,三是形成“一对四”的应急联动体系。

二、目前气象公共服务中存在的不足及问题

(一)气象服务主体单一、发展活力不足

随着经济社会的发展,气象服务的精细化、专业化和准确性需求随之提升,日益增长的需求和有限的服务能力之间的矛盾日益凸现。气象公共服务主体单一,社会资源参与气象服务不足,气象服务市场发育不充分,导致气象服务发展活力不足。

(二)气象服务的法治化水平有待提高

伴随着社会资源参与气象服务领域的逐步增多,气象服务的地方市场监管法规和标准体系亟待建

立，国家与地方的气象服务管理政策和法规标准如何相互衔接、协调发展也是亟待研究解决的问题。

（三）气象灾害防御的协同化水平需加强

由于深圳气象机构高度精简，区级无气象机构，气象灾害防御需跨部门、跨层级的协同共管才能取得防灾服务的成效。目前部门联动机制虽然初步建立，但是信息化水平低，灾时和平时灾害风险管理和预评估能力较薄弱，制约了服务效果。

（四）气象公共服务发展均衡程度不够

从特区一体化进程和发展趋势看，一直以来因特区政策和“一市两法”制度设计造成的区域发展不平衡、人口结构严重倒挂、群体之间权利差别以及特殊人群的客观存在，造成了深圳原特区内外的气象公共服务均等化呈现明显的区域差别，尤其是深圳人口膨胀背景下的外来劳务工众多，导致气象灾害发生的死角更多出现在外来工的弱势群体，也给深圳气象公共服务提出了严峻挑战。

三、构建特区新型气象公共服务体系的思考建议

（一）科学划分气象公共服务中的“基本”与“非基本”

1. 基本气象公共服务

是指公众效用服务，服务内容直接关涉国家的经济建设、防灾减灾、人民的生命财产安全和生活便利，对全社会具有重大意义，由全民共同享有。基本气象公共服务的直接经济效益不明显，是纯公共产品，具有非竞争性边际成本为零的特质，由国家全额拨款支持并随着经济的发展加大支持力度，确保其持续健康发展。基本气象公共服务形式以大众传媒为载体，以天气预报、重大灾害性天气预警等公共气象信息为内容，为广大人民群众生产生活提供服务。

2. 非基本气象公共服务

是指商业效用服务，提供给各行各业经济组织，使其因气象公共服务获得利益并获取相应经济收益的商业性气象服务。服务内容包括：第一，企业用气象信息发展社会经济，利用气候条件作为从事经济活动的决策依据；第二，利用天气预报趋利避害，减少异常天气对社会经济造成的损失；第三，一些行业利用专业气象服务进行生产、经营活动，直接提高经济效益。非基本气象公共服务产生行业效用，体现出社会经济关系，属于非公益性质，在国际上称为一种“气象经济”。

（二）深化气象公共服务体制改革，切实提升公共服务水平

1. 构建气象灾害防御联席会制度

建立政府牵头的气象灾害防御联席会制度和行业协会的公共气象智库议事会制度，从不同行业、不同角度、不同渠道对接社会公共服务需求，理顺从灾情评估、需求采集、技术创新到应用服务、流程优化的循环上升通道。制定规章标准，充分利用各行业协会及学会、气象爱好者和志愿者等社会力量，开展气象信息传播和气象防灾减灾知识宣传。

2. 健全气象公共服务白皮书制度

编制完成《深圳市气象公共服务指引》（白皮书），对深圳市气象部门开展的 7 类 72 项服务产品、10 类 28 种服务渠道及获取方式进行详细介绍。同时，形成按年度向市民公布《深圳市气象公共服务指引》更新发布机制，实时更新最新服务产品、服务范围、服务种类、服务标准、传播渠道，使各类人群知晓气象信息获取渠道并广泛应用，同时以服务承诺接受社会监督。

3. 构建气象大数据共享开放机制

依托市电子政务资源中心数据共享交换平台，建立气象与其它政府部门之间的数据共享和交换机制。制定气象数据逐级开放共享政策，推动社会公众和企事业单位的应用和开发，实现气象信息惠民服务。

4. 搭建"气象云"服务平台

依托国家超级计算深圳中心云基础设施，搭建"气象云"服务平台。向相关部门开放气象数据接口，整合、交换和共享气象信息，将现有的气象服务产品纳入鹏云开放平台和社区家园网，提高气象服务的覆盖面和便捷性。

5. 完善传统媒体和新媒体气象信息传播机制

整合广播、电视、短信、报纸等传统气象服务获取渠道，进一步完善"深圳天气"微博、手机客户端和微信等新媒体渠道的气象服务，提高信息传播效率，优化服务体验度，确保市民能至少通过一种渠道获取气象服务。

6. 建立气象服务市场监管机制

制定防雷技术服务管理标准，构建防雷技术服务市场准入、生产经营活动和服务质量等监管标准体系。完善防雷工程企业的监管制度，建立对防雷技术服务市场主体执行标准、产品（服务）质量的定期公开制度。

（三）加快实现深圳气象基本公共服务的均等化

1. 着力推进不同区域、不同人群的服务均等化，扫除气象公共服务盲区

深圳原特区内外以及不同的地域之间的公共服务水平存在差距，应尽快完善气象服务机制，重点考虑气象服务薄弱环节，有针对性地提升服务覆盖面，改进服务获取方式，扫除服务盲区，逐步实现各区域、各人群的服务均等化。

2. 切实加大气象基本公共服务资金保障力度

基本气象公共服务是纯公共产品，必须由政府来供给。要弥补深圳市区域之间、人群之间的基本气象公共服务的差异，推进均等化，政府加大投入是必不可少的。深圳市基本气象公共服务应该纳入全市基本公共服务的预算和规划，其均等化推进进程应该和全市步调一致，而且深圳市有条件在基本气象公共服务均等化方面走在全国前面。

3. 积极调整优化组织结构

现有深圳市的基本气象公共服务是横向到边，几乎覆盖了全市的有关政府职能部门、企事业单位、社会组织和1500万左右生活工作在深圳的人；纵向到底，基本气象公共服务延伸到了街道、社区，而且大量的气象服务工作是在基层。立体供给，基本气象公共服务发展成了涵盖气象预警预报、气象行政、防灾减灾、实况监测、气候服务、专项服务、气象天文科普等7大类72项立体化服务供给格局。原有的单纯市一级的组织架构已经无法适应新的工作要求和社会期待。市气象局应加强与各区（管理区）、各街道的联动配合，完善全市637个社区的灾害风险普查，明确区、街道相关职能部门作为联动气象服务的责任部门，积极推广"七有"气象防灾减灾示范社区建设，推进社区新建或利用现有显示终端完成社区气象信息服务站落地。

4. 加强气象公共服务人才队伍建设

应立足于市气象局人力资源实际，大力推进与大部制和公共服务改革相适应的组织机构、科技创新和人才选拔培养机制。一是创新干部选拔任用方式，协商人事管理部门，探索建立从事业单位选拔专业技术类公务员的选拔和考核机制。二是打破行政和业务界限，创新人才培养、动态管理和激励机制，大力推进双向挂职锻炼工作，培养懂业务善管理的复合型人才。加大包括下属事业单位在内的关键岗位和重要人员的轮岗交流力度，调动人员工作积极性和创新力。三是完善因事设岗、按岗定人、按岗定责的运行机制，改革建立扁平化的组织管理，科学设定岗位和职责，适应国家省市改革，推进财务、党务、人事等的集约化管理，合理调配人员，提升履职效能。四是建立气象科研和业务需求循环研发机制，探索科技团队组合模式，深化国内外合作交流，提高气象科技合作质量。

5. 构建气象基本公共服务科学评价体系

一是反映深圳市区域间基本气象公共服务均等化评价指标体系。该评价指标通过各行政区划单位（区或街道）在该指标上的高低差异来反应该项基本公共服务的均等或不均等水平。如果各行政区的指标比较接近，则说明均等程度较高，反之则不均等程度较高。

二是测量深圳市人群间基本公共服务均等化程度的指标体系。该指标体系通过判断某项基本公共服务是否覆盖所有考察对象来判断均等（或不均等）程度。该项基本公共服务覆盖的人群比率越高，则均等程度就越高，反之，未覆盖的人群比例即为不均等的体现。

（三）促进深圳气象非基本公共服务规范化

既要大胆探索非基本公共服务的市场化道路，也要有效防范其可能产生的负效应，促进深圳气象非基本公共服务规范化。

1. 谨慎开放供给主体

首先，由深圳市气象局及其所属单位提供。气象服务专业性极强，对设备、技术、人才等要求极高，市场的培育需要一个长期的过程。因此，近期的非基本气象公共服务应该由深圳市气象部门提供，采用供需平衡、价格协商的办法进行。

其次，培育多元市场主体，出台《深圳市气象公共服务市场化改革意见》，鼓励社会力量参与供给，但必须严格规定参与主体的资质要求、各项标准，确保市场主体的高素质。

最后，建成严格的市场监管体系，向社会开放市场。

2. 加强市场监管

加快制定非基本气象公共服务市场化监管规定，明确社会力量参与气象服务供给的质量标准、行为规范、问责及处罚细则等。一是宏观引导。在制定政策时要有预见性，对可能出现的风险在政策中加以引导，建立需求调查机制、风险评估与预警机制、价格听证机制等等。二是建立行业诚信。建立深圳市气象服务与产业发展行业协会，进行行业自律，建立诚信守则、诚信评价数据库、诚信监督等平台和机制。三是建立健全气象服务法规，保护知识产权。深入理解气象服务，特别是气象信息服务复制的低成本性，强化气象行业知识产权保护意识，建立健全气象知识产权法律法规，依法保护气象行业知识产权，有效保障基本气象服务和衍生气象服务的提供。

3. 做好宏观调控

宏观调控主要是把握好供需关系，使之基本均衡。首先是要做好需求调查。要经常性地对服务市场进行需求调查，随时掌握市场变化情况，为气象服务的整体供给提供科学依据。其次是建立预警系统。要在市场预警方面为公共服务的市场化健康发展做出独有的探索和示范。

4. 促进气象产业发展

一旦非基本气象公共服务市场化后，一个庞大的产业链必将出现，从技术研发、设备生产、实际应用到人才培养等。深圳市气象局要将深圳市打造成中国乃至国际气象服务产业基地，完善气象产业布局和产业链，规划和引导产业的健康快速发展。

贵港市气象探测环境保护工作调研报告

林雪香　蒙小寒

（广西壮族自治区气象局）

2000年《气象法》实施以来，由于城市化发展，部分群众法制意识淡薄等原因，广西贵港市三个国家级地面气象观测站周边不断有群众擅自修建超高房屋，使国家气象探测环境遭受了严重的破坏。2014年，贵港市气象局组成调研组对本市气象探测环境保护工作进行专题调研。

一、调研基本情况

(1)调研思路：通过调研，全面了解掌握贵港市气象探测环境保护工作的现状及存在的主要问题，探讨进一步加强气象探测环境保护的工作重点，提出相应的对策建议。

(2)调研方式方法：实地普查、走访、查阅气象档案资料等。

(3)调研内容及过程（略）

二、贵港市三个国家级气象观测站气象探测环境保护现状

贵港市共有三个国家级气象观测站，即贵港国家气象观测站、桂平国家基本气象站和平南国家气象观测站，均建于20世纪50年代初期，至今已经积累了连续57年至61年宝贵的气象记录资料。最近十几年来，贵港市三个国家级气象观测站探测环境遭受了越来越严重的破坏。2013年8月调查评估结果显示：观测站四周360°障碍物的最大遮挡仰角，贵港站有314°超标，占87%的方位；桂平站有350°超标，占97%的方位；平南站360°全部超标，三个站的气象探测环境综合评估得分分别为68.8分、61.7分和66.6分（调整后的评分）。在广西92个国家级气象站中排名靠后，在全国范围内也属于探测环境质量差的台站，需要采取补救措施或搬迁。

近年来，贵港市人大、市政府和气象、国土、建设规划等部门都较为重视国家级气象观测站探测环境的保护工作，形成了共识，将其纳入了城乡规划和行政审批审查的内容。

三、贵港市气象探测环境保护工作中存在的突出问题

1. 违法违章建房的行为屡禁不止，致使国家气象探测环境不断遭受新的破坏

近年来，随着城市化发展，贵港市各地未经审批就擅自偷建住宅的行为较为普遍，此消彼长，屡禁不止，在三个国家级气象观测站周边也出现类似情况，破坏气象探测环境的事件时有发生，气象探测环境越来越恶化。由于观测场被居民建筑物所遮挡，导致气温、风向、风速、日照时数、降水、能风度以及天气现象等多种气象要素的观测受到了严重的影响，具体表现为：气温偏高，日照时数偏少，风力变小、风向发生变化，能见度和多种天气现象的观测受到影响。与20世纪90年代之前的多年平均值相比，最近10年贵港市各站平均年气温升高了0.6～0.9℃，日照时数减少了49～135小时，平均风速偏小约0.5米/秒，大风和霜冻日数锐减，能见度观测以前大部分方位能看到30千米以外的目标物，现在有些方位只能看到几百米的距离，平南站最近十几年没有出现过大风记录，气象观测数据的准确

性、代表性和可比较性受到了严重影响，也直接影响到了气象预报及气象服务水平的提高。

针对国家气象探测环境受违法违章建房行为破坏的现象，行政执法难、查处难、执法无效果或不明显是最为突出的问题。在利益的驱动下，一些群众不顾法律法规约束，不听劝阻，强行建房，人为破坏了气象探测环境。气象部门和城监执法队进行执法过程，遇到过群众关门建设、放狗看门、户主躲避等种种状况。据统计，2010—2014 年 9 月，贵港市气象探测环境保护执法有 25 例，通过执法有效制止 12 例，其余 13 例执法无效或效果不明显。在小产权房普遍存在或不办任何手续就建房的行为较为普遍的环境下，有关行政管理部门如果不能够在群众动工建房之初和超过气象探测环境保护限定的高度标准之前依法制止，等到超高了再启动气象行政执法程序，由气象部门进行查处，就很难达到效果，从而导致气象探测环境日渐恶化。2014 年，平南县出现经有关部门审批的商品住宅楼项目建设高度超标，危害平南气象站气象探测环境，尽管政府出面协调各方，最终行政执法没能制止该项目继续建设。

2. 气象探测环境保护与城市发展之间存在突出矛盾

根据《气象设施和气象探测探测环境保护条例》规定，国家级气象观测站四周 2～3 平方千米(即以观测场为中心，国家基本站半径 1000 米、国家一般站半径 800 米区域内)为保护范围，保护范围内不允许建设超高建(构)筑物。十几年前贵港市三个国家级气象观测站均处在城郊，随着城市的发展，现已变成处于城区或闹市区范围。以贵港国家气象观测站为例，观测站周边方圆 800 米之内都属于保护范围，不得修建高度超过距观测场距离 1/8 的建(构)筑物，而规划中的贵港高铁广场、同济大道等重点建设项目就位于或经过这一区域范围，因此项目的实施特别是建筑物的设计和建设高度将受到限制。

3. 区域自动气象站建设维护过程遇到选址难、保持站址相对稳定难的突出问题

2004—2014 年，贵港市根据需要，通过政府主导、部门合作共建等方式先后建设了 134 个区域自动气象站，其中雨量站 68 个，温度雨量二要素自动站 47 个，四要素自动站 14 个，六要素自动站 5 个，分布在全市各个乡镇和有关重点监测区域，成为贵港市综合气象监测网络的重要组成部分。区域自动气象站在建设选址和维护中存在以下主要问题：

(1)建设选址难，区域自动气象站探测环境无保障

二要素以上的气象观测站都要求在相对开阔的地面，无人值守的同时，又要有必要的安全保障，选址难成为最为突出的问题。部分县(市、区)、乡镇政府对自动气象站的建设不够重视，认为区域自动站建设与维护是气象或国土等部门的事情，配合不够，选址推进困难。由于区域自动站管理运行机制没有建立完善，近年来，贵港市建设了六批自动气象站，每次都是只有建设经费，没有租用土地或征用土地的经费，其探测环境更无法保障，选址全部靠各级政府组织和出面协调有关部门单位提供的方式来解决，导致本来作为公共防灾设施的区域自动站似乎是某部门某单位设施“寄人篱下”，有的提供单位或地方群众有推托的、有拿风水作借口的、有通过其他方式提出各种条件甚至百般刁难的。

(2)维护站址相对稳定难

区域站建设使用后出现因所在地用途计划改变而被迫迁移他处的困境。2008 年以来，贵港市已被累计迁站 16 站次，且曾几次出现了人为破坏和仪器被盗现象。每次重新选址建设又出现选址更难、经费缺乏等难上加难的问题。

四、加强气象探测环境保护工作的对策及建议

1. 出台和实施气象设施和气象探测环境保护专项规划

根据有关气象探测环境保护规定，市、县气象局应当会同城乡规划、国土资源等部门制定气象设施和气象探测环境保护专项规划，经本级政府批准后实施，并在今后修编城乡发展规划时纳入其中，以确保法律法规切实得到贯彻落实。

2. 加强气象探测环境保护执法工作和加大对违法行为的查处力度

市、县政府加强对气象设施和气象探测环境保护工作的组织领导和统筹协调，履行组织、领导和协调气象设施和气象探测环境保护工作职责。发展与改革、气象、国土、建设规划等各有关部门加强沟通、协调，建立和完善联动执法机制，按照各部门的分工职责做好行政审批审查把关、违法行为查处等工作，市、县整治“双违”办公室(整治违法用地和违法建设工作指挥部办公室)加大对气象站周围气象探测环境保护范围内的违法用地和违法建设行为的查处力度，各方共同依法履行保护国家气象探测环境的行政管理职能，采取有力措施制止在贵港市三个国家级气象观测站周边违法建房的行为，避免国家气象探测环境遭受新的破坏。

3. 建议尽早搬迁三个国家级气象观测站

根据《气象设施和气象探测环境保护条例》规定：“气象台站探测环境遭到严重破坏，失去治理和恢复可能的，国务院气象主管机构或者省、自治区、直辖市气象主管机构可以按照职责权限和先建站后迁移的原则，决定迁移气象台站。”鉴于贵港市三个国家级气象观测站已受严重破坏，周围居民楼房林立，通过大量拆迁民房来改善国家气象探测环境的方法显然不可行，因此，建议市、县政府早日组织落实本市、县国家级气象观测站的搬迁工作，协调解决现址保护、新址用地和建设经费问题。建议将观测站迁移至城郊、生态公园或是其他合适地点，并对新址加以保护，这样，既可以从根本上解决当前气象探测环境保护工作中面临的诸多困难和问题，也可以为今后城市规划和建设释放发展空间。

4. 解决区域自动气象站选址难、站址不稳定等问题

区域自动气象站主要根据各省市防灾减灾需要和开展地方气象服务需要而建设，主要为地方政府服务。建议将区域自动气象站纳入政府防灾减灾体系管理，将其建设、运行维护经费纳入本市、县的地方财政预算，落实维护经费和维护人员经费或者人员编制，有效解决区域自动气象站管理机制问题、建设用地问题和维护经费问题。同时，政府和有关部门要大力弘扬科学文化，加强科学知识普及，使基层领导干部和基层群众科学认识气象防灾减灾工作，形成良好社会风气，使区域自动气象站能够保持稳定运行，为防灾减灾提供基础保障。

海南省突发事件预警信息发布能力建设调研报告

陈　明

（海南省气象局）

一、海南省加强突发事件预警信息发布能力建设的现状

（一）取得的主要成绩

2014 年 9 月，海南省编委批复同意设立海南省突发事件预警信息发布中心，挂靠海南省气象局。省局制定了《海南省突发事件预警信息发布中心设立方案》，并指导各市县气象局积极向地方政府争取落实市县突发事件预警信息发布中心的人员编制（原则上地级 5 名、县级 3 名）。省级机构和琼海、五指山等市县局已配备兼职人员或招录工作人员；省级发布系统和海口、三亚等 8 个市的发布系统已建成并投入业务试运行；13 个市县气象局已落实地方经费支持，还有 6 个市县局尚未落实。

积极优化政策环境和加强制度建设，省政府办公厅于 2014 年 9 月 10 日印发了修订后的《海南省气象灾害应急预案》，省气象局印发《海南省气象局气象灾害预警发布业务暂行规定》《海南省气象局气象灾害应急预案》和《海南省气象局气象灾害预警内部联动工作制度》，省气象服务中心制定了《海南省气象灾害预警决策短信用户更新工作制度》《海南省国家突发预警信息发布系统试运行阶段业务运行值班制度（暂行）》和《海南省国家突发预警信息发布系统试运行阶段运维管理制度（暂行）》等。省气象局下发《关于规范各市县突发事件预警信息发布流程的通知》，要求各市县局通过当地市县政府应急委对预警信息发布流程进行规范。

7 月中旬针对 41 年来影响海南最严重的超强台风“威马逊”和 9 月中旬面对严重影响海南的台风“海鸥”，省气象局提前预警，实现台风一级预警的全网发布。据统计，省气象局所发布的“威马逊”台风预警信息是历年来发布方式最多、覆盖范围最大的突发事件预警信息。

（二）存在的主要问题

一是离省局制定的“六个 100％”仍有较大差距。

二是部分市县局在推进本市县突发事件预警信息发布中心建设方面存在畏难情绪，“等、靠、要”思想较严重，缺少创新思路和抢抓机遇、狠抓落实方面的劲头。

三是与“让预警信息和防御信息真正进入千家万户，提高公众防御意识、防御能力、增强防御工作的前瞻性和有效性”的要求仍有一定的差距。预警信息全网发布由于用户量大，发布能力有限，信息发布用时较长；在对全省有线数字电视用户进行全网发布时，信息内容在电视上的停留时间和显示字数均受到限制，缺少警示事项和防范指引等内容。

四是预警信息发布与社会公众的期望值和满意度仍有一定的差距。发布渠道和覆盖面有待完善，如偏远地区还缺少有效的接收手段；省气象局官网由于访问并发量小，每当遭受诸如台风等重大灾害性天气，常导致网站无法登陆访问，查看最新的气象消息；微信、微博等新媒体发布的预警信息、防御指引等内容不够及时或具体。

二、发达国家和地区与我国先进省份在突发事件预警信息发布方面的经验

(一)发达国家和地区的主要经验

美国:制定了“重视预报、预警先导”的应急响应流程。同时,建立了“信息共享、系统先进”的应急响应技术设备保障。在灾害应对方面,高度重视先进技术的采用,强调对各部门信息、资源的协调、整合。例如,迈阿密应急指挥中心建立了集有线、无线、卫星等多种手段的通信工具,保证信息联系的通畅。还特别针对社会公众建立预警收音机和预警电视频道发布系统。在指挥平台还建立了集地理信息、实时交通信息、实时气象信息、重要社会经济信息于一体的应急管理系统,实现了各部门信息的充分共享,有利于统一指挥、科学决策。

新加坡:一是高度重视高新技术手段在城市建设和应急管理工作中的运用,城市管理的数字化、智能化程度居世界前列。在警报发布方面,气象部门研发了手机媒体、网站等多种技术手段,受灾地区的民众能够在第一时间接收到预警信息。二是建设监测预警系统。针对过去发生的水淹事件和雷击事件等灾害,建设了水位监测系统、雷击风险预警系统,发布各种突发事件信息,实施公共预警系统(PWS)。三是非常重视对公众的防御科普知识宣传教育,针对各类突发事件应对编制了分类别的《紧急应对手册》,免费分发给所有公众,提高公众自身应对灾害的能力。

英国:一是英国气象局负责各类天气警报的发布。灾害天气预警信号分三种颜色:蓝色(可能出现)、橙色(很快到来)、红色(正在受影响,如无必要,请不要外出)。根据《应急法》的规定,气象局通过各种媒体向公众提供灾害性天气预警服务,当地公众习惯主动关注当地媒体的信息。二是英国气象局把高影响天气的早期预警作为近年来预报和服务发展的关键内容,将“全国恶劣天气预警服务”作为向公众和政府机构服务的一个重点。如果英国境内出现大风、暴雨、暴雪、大风雪和持续降雨、浓雾、大面积冰霜等天气情况,英国气象局都会启动预警机制。在恶劣天气预计出现前,该系统在短时间内,分阶段地通过互联网、电台和电视台向英国各个区域提供极端天气信息。英国政府重视灾害应急的公益宣传工作,曾印发2500万宣传小册子,指导公众在接收灾害预警后采取适当的防御行动。

中国香港:一是香港的突发事件预警信息系统以天文台发布机制为先导,以香港特区政府保安局统筹协调机制为保障,以特区政府相关部门联动机制为支撑,以新闻媒体良好互动机制为手段,以公众自觉响应机制为基础,有效实现预警信息发布及时准确,传播范围全面覆盖,部门联动有效迅速,响应措施快速科学,确保有效应对各种天灾。二是注重制度化建设,提高防灾意识。香港在天文台发布预警信号之后,达到哪个级别,各部门、市民要怎么做,完全有法律规定,有章可循就可采取相应的行动。

(二)国内先进省(自治区、直辖市)的主要经验

北京:北京市气象局创新建立“1+2+3+N”分项、分区、分期预报预警服务流程,积极探索首都高影响天气预报精准度、预警时效性、服务实效性,最大限度地提高了分区域精细化管理应对能力。即,“1”是依托北京地区短时临近天气监测预警一体化平台,实现北京市与区县两级气象部门共同监视责任区天气变化、互相提醒、实时互动;“2”是完善针对决策和公众不同需求“内外有别”的两套服务机制,面向政府决策部门和社会公众分别提供不同时效的个性化服务,注重预防性措施和科普性服务信息提示;“3”是建立“三道防线”“三重提示”和“三个阶段”等灾害性天气监测预警制度,严密监视天气发生、发展、减弱全过程,力争延长预报预警时效,提高监视预警准确率,提供“早、快、全”的“渐进式预警”“递进式预报”“跟进式服务”;“N”是预警信息全方位、多手段、立体式广发布,畅通发布渠道,完善发布机制,广泛对接社会各部门、行业、媒体等发布资源,实现预警信息分层级、广覆盖。2014年8月,争取北京市编办批复同意在

市政府办公厅设立北京市突发事件预警信息发布中心(正处级公益一类事业单位),委托市气象局代管,核定事业编制20人,处级领导职数1正2副。

广东:2012年以来,广东省气象局一是加快推进成立突发事件预警信息发布中心等有关工作,目前大多数地市级和县级的突发事件预警信息发布中心机构设置均得到正式批复并落实地方人员编制。二是细化突发事件预警信息"扁平化"发布流程,减少中间审批环节,提高预警信息发布的时效性。三是推进"12121"应急气象免费自动答询电话系统建设。四是恢复广东应急气象频道播出。五是完善配套的政策法规,由省气象局等单位起草相关政策法规,完善响应机制。目前,广东省的突发事件预警信息发布,初步显示出"报得早、审得快、发得出、传得畅、收得到、用得好"的广东风格,收到了"拯救生命、降低损失"的明显效果。

上海:上海市气象局积极打造政策环境、主导部门联动,推动突发事件预警信息发布融入政府应急管理 。2013年,上海市应急委依托上海市气象局成立了上海市突发公共事件预警信息发布中心,初步形成了"政府主导、市应急办协调、多部门协同、市气象局承办"的预警信息发布工作体系。目前预警发布中心已实现机构到位、机制到位、技术到位、系统到位,实现与国家级预警信息发布业务对接,预警发布中心目前可发布5部门20种预警信息和相关服务信息。

三、面临形势

海南是我国遭受气象灾害影响较为严重的省份之一,台风、暴雨洪涝、强对流、干旱、海上大风等灾害性天气频发多发。预警信息在各级党委、政府决策中的作用越来越大。同时,预警信息的提前量、精准程度和应用水平等还与提高气象灾害及其衍生灾害的防御能力,以及保障人民生命财产安全密切相关,社会各界也对预警信息发布能力提出更高的要求。不断提高突发事件预警信息发布能力是气象部门一项长期重要的工作,也是体现气象现代化水平的重要指标。

针对超强台风"威马逊"和台风"海鸥"的影响,气象部门在预警信息发布中的积极作用为今后进一步加强全省突发事件预警信息发布能力建设提供了良好的契机。应着力推进全省突发事件预警信息发布能力建设,更好地提高全省应急管理水平。

四、对策研究

(1)继续加强指导,督促各有关单位按照年初制定的"6个100%"工作目标,推进全省突发事件预警信息发布中心建设任务。一是继续做好本地区的预警信息发布中心业务运行和人员经费列入地方财政预算工作;二是各市县气象局要积极向当地市县政府申请落实本市县突发事件预警信息发布中心设立工作;三是全面完成各市县突发事件预警信息发布系统建设任务,尽快配备相应的专职或兼职人员,建立健全业务流程和工作制度;四是做好市县突发事件预警信息发布中心边挂牌边落实机构设立的准备工作。

(2)从建立无缝隙预报预测体系,提高气象灾害预警时效、延长防御准备时间,组建机构、发挥省突发事件预警信息发布中心作用,多部门联合、建立预警信息和防御信息发布与传播的绿色通道,努力将天气预报向灾害预报转变、增强防御工作的前瞻性和有效性,加大科普宣传,提高公民主动科学防御的素质和积极合理自救的能力等六个方面,分解工作任务,狠抓落实。

(3)进一步加强全省突发事件预警信息发布能力建设。努力破解当前各市县推动突发事件预警信息发布中心建设中存在的批复机构设立和人员编制、纳入地方政府绩效考核等难题。进一步加强省级发布中心和市县级发布分中心的建设,积极争取地方政府成立相应机构和落实人员编制、经费预算,并把突发事件预警信息发布中心建设纳入各级政府绩效考核范畴。创新预警发布的工作机制和运行机制,不断拓展预警信息发布渠道和预警发布速率。

(4)努力建成全国一流的全省突发事件预警信息发布系统。坚持政府主导,依托预警发布系统建设,进一步完善预警信息快速发布的业务流程和工作机制，提高预警信息发布的覆盖面和时效性。确保预警信息发得早、传得快、收得到、用得好，促进各级政府及相关部门依据及时准确的预警信息，快速响应，科学指挥，有效联动。

(5)争取地方政府把突发事件预警信息发布系统建设作为一项民生工程来抓，从政策、资金等方面给予大力支持，建立预警信息发布系统的建设及维持经费纳入地方政府应急规划和财政预算的资金保障长效机制，争取各级政府把加强突发事件预警信息发布中心建设列入本级政府为民办实事的内容之一。

(6)加强各级突发事件预警信息发布中心的科普宣传工作。结合不同部门的需求，建立相应的资料信息库，提前做好面向不同人群的科普宣传。同时，建立气象防灾减灾预警传播应急联动机制。研究制定海南省气象防灾减灾宣传应急预案，明确新闻媒体、基础电信运营企业和气象部门等在气象灾害预警信息传播中的职责。简化预警信息传播审批环节，建立快速传播的"绿色通道"。

(7)继续加强突发事件预警信息发布的制度建设。结合《海南省气象灾害防御条例》《海南省突发事件预警信息发布管理暂行办法》的贯彻实施，联合省政府办公厅、省应急办等有关部门在充分调研的基础上，继续加强预警信息发布管理方面的制度建设，不断提高各相关部门对预警信息的响应能力，全面提升全社会应急体系的综合响应能力。

重庆市综合气象台站普查情况调研报告

李良福 李 菁 李家启 张玉坤 葛的霆

（重庆市气象局）

一、普查工作开展情况

重庆市气象局设计了《行业气象观测站（点）普查表》，针对除气象部门以外的其他行业，尤其是水利、水文、环保和国土等相关部门展开普查工作，并将普查范围由气象台（站）扩大至观测站（点），普查的内容涉及观测站（点）类别、具体位置（经纬度）、观测要素、所属行业或部门、所使用的标准、资料管理人员和情况等。

二、普查数据统计分析

（一）概况

1. 建设数量

重庆市共有各类气象观测站（点）5796 个，其中气象部门的观测站（点）为 1958 个，占总量的 33.8%；气象部门以外的其他行业部门有观测站（点）3838 个，占总量的 66.2%，数量上是气象部门所建站点数量的近一倍。

2. 建设单位

目前建立了观测站点的部门有气象、水利、水务、水文、长江水利委员会、林业、电力、防汛、环保、农水、农委、国土、烟草、果业、民航和交通等。

3. 建设站类

除气象部门外，其他行业的观测站点包括水资源站、水文站、自动雨量站、自动水位站、河道水位站、中小河流洪灾监测工程站、杆式雨量站、杆式带卫星雨量站、马铃薯晚疫病预警系统自动采集及存储站、山洪灾害简易雨量站、遥测站等，大多是自动站，能自动采集和存储数据，但在站点类别名称的表述上不统一。

4. 观测要素

其他行业站点的观测要素主要为雨量、水位、温度、湿度；个别站点的观测要素包括流量、风速、风向、气压、含湿量等；环保局的站点包括空气成分 PM10，NO_2，SO_2，O_3 等；烟草公司站点的观测要素包括温度、最高温度、最低温度、湿度、露点、雨量、雨强、风速、风向、极大风速、对应风向、最多风向、气压、蒸散量、太阳辐射、最高辐射、土壤温度（地下 10～40cm）、土壤水势（地下 10～40cm）等具体信息。

（二）空间分布

重庆市气象观测站点数量多，覆盖面广，总体来说，重庆主城区域站点较少，区县站点较多；气象部门的观测站点覆盖比较均匀，站点数量基本与各区县辖区面积成正比；而其他行业部门的站点空间分布不均，有的区县密度极小。

具体来看，气象部门观测站点平均每个区县为56个（重庆市下辖40个行政区县，本次普查仅以其中设立了气象局的34个区县为单位进行数据分析）。其中站点最多的为万州区，有79个，而万州的区划面积在重庆市下辖的40个区县中排第七；观测站点最少的为万盛区，有23个观测站点，其区划面积是重庆除主城外，面积最小的区县。

非气象部门的观测站点为平均每个区县110个，其中数量最多的为奉节县，有291个观测站点，其面积为4087平方千米；观测站点数量最少的为大足县，仅有9个，其面积为1390平方千米。

（三）行业分布

重庆市气象观测站点建设数量最多的为重庆市水利部门和气象部门，水利部门观测站点为3651个，占观测站点总数的63%，气象部门观测站点为1958个，占总数的34%。其他行业部门观测站点总数为164，占比3%，其中，交通70个、农业64个、电力13个、国土5个、环保4个、民航3个、烟草2个、林业2个、长江水利委员会1个。

（四）要素分布

重庆市气象部门的区域气象观测站的观测要素主要为降水和气温，1924个区域站中，全部含这两个要素，仅以此为要素的观测站有1864个，占比96.9%，其余区域站含以下观测要素的数量分别为：含风向和风速的有60个、含相对湿度的有28个、含低温的有17个、含气压的有10个、含能见度的有1个；重庆市的国家站（含基准站、基本站和一般站）的观测要素为温度、风速、降水、雷暴、霜日、酸雨、蒸发、地温和电线积冰，其中万州、合川、江津、南川和丰都的国家基本站的观测要素还包括土壤水分，酉阳的国家基准站的观测要素包括土壤水分和雪压。

重庆市非气象部门的观测要素主要为雨量，含此要素的观测点有3509个，占非气象部门行业观测站点总数的93.6%，含其他要素的观测站点数量分别为：含水位的为377个、含温度的为65个、含湿度的为30个、含流量的为7个、含风速的为4个、含风向的为3个，其余有2个观测点的观测要素为PM10，NO_2，SO_2，O_3，有2个观测点的观测要素为温度、最高温度、最低温度、湿度、露点、雨量、雨强、风速、风向、极大风速、对应风向、最多风向、气压、蒸散量、太阳辐射、最高辐射、土壤温度（地下10～40cm）、土壤水势（地下10～40cm），另外有2个观测点的观测要素为气温、气压、风速、风向、含湿量。

总体而言，气象部门的区域观测站点多为两要素，有部分为四要素，而国家站均为多要素观测。非气象部门的观测站点多为一个要素，且大多为雨量，有少量的水位观测点，有个别涉及环保、农业、烟草、果业等行业的观测站点为有针对性的多要素观测。

三、存在的问题

（一）数量上分布不均

气象部门的观测站点分布较均匀，站点数量基本与区县所辖面积成正比，但是非气象部门的站点设置分布极其不均匀，因此，从气象观测站点的总体数量上来说，存在空间分布不均的问题，容易造成资源和信息的不对等，数据收集不够完善，不能全面反映各地相关情况，从而不利于通过相应观测数据来判断整个重庆区域的相关情况，也不利于相对应行业的统筹规划和根据气象条件制定相关对策。

（二）各区县行业不统一

除气象部门外设置观测站点最多的部门分别为水务局、水利局和水文局，除此之外和水利相关的部门还有防办和长江水利委员会，其均设立了相关观测站点，这些观测站点的观测要素也基本都是雨量和水位。由于不同的区县，水政相关的主管机构不同，所以造成了本属于同一行业的观测站点分属不同的部门来管理，因此容易造成管理的混乱，并不利于数据的统一管理和规划。

（三）各行业标准不统一

由于不同的行业在建设观测站点时和观测数据的采集、传输过程中使用的标准不同，如不同行业分别使用不同的标准，并且标准的级别也不同，有的是行业标准，有的是地方标准，有的是国家标准，如使用《地面气象观测规范》(QX/T 52－2007)、《重庆市水文技术装备标准》(DB50/349－1977)、《环境空气质量标准》(GB3095－1996)。并且由于不同的行业对观测要素的侧重点和关注度不同，因此对相应的观测要素的环境要求和精确程度等要求不同，使同一站点获得的数据因要素的不同而代表性有所不同，给数据的正常使用造成困惑，不利于行业管理。

（四）观测站点缺乏维护

非气象部门的观测站点有不少观测设备都因为缺乏维护而无法使用，无法取得相应观测数据，或者因为缺乏维护造成设备故障等使得观测数据失真而被放弃使用。这样，一方面由于投入大量资金建设的站点无法发挥应有的作用，而需要重新建站，造成了极大的浪费；一方面数据的失真也容易造成工作中不必要的困扰，不利于政府投资效能的发挥。

四、下一步工作建议

（一）推进探测环境保护立法工作

将大力推进2014年重庆市政府立法调研项目《重庆市气象设施和气象探测环境保护办法》的出台，从而规范气象观测活动和行为，加强行业管理，明确界定各级政府及有关部门在气象探测环境保护工作中的责任和义务，制定气象探测环境保护范围划定的标准，规范气象台站迁移，规范新、改、扩建建设项目，避免危害气象探测环境项目的审批，强化对无人值守自动气象站的保护，有效规范重庆市气象设施建设工作。

（二）加强部门联动协商

强化部门防灾减灾联合会商机制，充分发挥部门联络员协调作用。加强责任意识，提高政府统筹协调的积极性，落实政府在防灾减灾中属地管理责任、相关部门在防灾减灾中的直接监管责任、气象部门在防灾减灾中的综合监管责任及企业在防灾减灾中的主体责任，推进气象部门社会管理职能的进一步履行。

（三）探索气象观测资料共享机制

非气象部门的气象监测信息能很好地弥补气象部门的观测不足，具有很高的应用价值，应大力共享。但由于重庆市区县多、情况复杂，共享信息应用水平不一，因此，下一步应学习兄弟省市在气象观测资料共享过程中值得借鉴的方式方法，组织对共享效益进行评估、示范，探索有利于重庆经济社会发展的气象观测资料共享机制。

（四）开发气象观测资源产品化通道

气象观测资料除了在防灾减灾中发挥重要作用，更在各行各业的生产、管理过程中凸显实用价值，随着经济社会的快速发展，将会带来可观的经济效益。今后的工作应充分重视这一专业气象服务新的增长点，进一步深入了解行业对实时气象资料的需求，加大科研开发力度，将实时观测资料形成服务产品向社会推介，以此强化服务社会的履职要求。

德宏州高原特色农业气象服务能力建设调研报告

高安生

（云南省气象局）

云南省德宏州具有良好的农业基础条件和气候优势，高原特色农业发展思路已经十分明确，产业发展具备了一定基础。未来全州将以打造柠檬、咖啡、坚果三大特色庄园为目标，全面推进农业现代化建设。

一、德宏州气象为农业服务的现状分析

（一）德宏州气象为农业服务基本情况

近年来，德宏州气象部门积极开展了烤烟、橡胶、甘蔗、咖啡等专业化气象服务，为德宏农经作物的规模发展、提质增效做出积极贡献，受到各级政府、主管部门及广大农民的好评，成为气象部门相对成熟的一项业务工作。

(1)按照《云南省农业气象服务体系建设实施方案》《云南省农村气象灾害防御体系建设实施方案》要求，州局制定了具体工作方案，积极开展了烤烟、橡胶、甘蔗、咖啡等专业化气象服务。

(2)除大监站和区域自动站外，全州目前已建设了七个橡胶专业自动气象站。

(3)在做好农业气象旬报、月报的基础上，根据当地农业生产需求，适时制作并发布针对秋收秋种和重大农业气象灾害影响期间的农业气象专题情报。

(4)经云南省气象局批准已成立云南滇西咖啡气象服务中心，并创建德宏农业气象网站。

(5)依托芒市农业气象试验站，在州级保留农业气象业务服务岗位及专业人员 3 人以上，力所能及坚持开展了农业气象试验和服务。

（二）存在的主要问题

面对德宏州高原特色农业快速发展的新形势和新要求，全州农业气象工作还存在一些突出问题。

一是思想认识滞后、投入不足。长期以来对农业气象发展的重要性认识不足、投入过少，使得德宏州农业气象工作落后于现代农业的发展。

二是气象服务能力与德宏州高原特色农业发展需求不相适应。现有的农业气象服务产品的针对性、时效性及覆盖面，都不能满足高原特色农业发展、新农村建设的需求。

三是农业气象观测针对性不强、试验能力不足。现有的农业气象观测项目站点数不足、布局不尽合理、观测要素单一。农业气象试验站均没有专属试验田地，试验设施简陋，难以开展田间试验研究和技术成果的田间验证工作。

四是农业气象业务指标体系未能建立。农业气象基础指标缺乏，服务产品的定量化、模式化程度不高，针对性、实用性不强；农业气象业务缺乏与天气气候业务的结合机制，未能实现无缝隙连接。

五是农业气象服务内容与方式落后。目前农业气象服务产品大多是以专题报告（材料）、书面交流等方式传送到决策管理部门，直接面向农村、农民的农业气象信息传播途径和手段有限。

六是基层农业气象业务队伍薄弱。州（市）缺乏高层次人才，县级气象部门除芒市局没有固定的专业人员。

二、加快德宏州高原特色农业气象服务能力建设的初步思考

要围绕云南省发展高原特色农业的战略部署，以高原特色农业服务需求为引领，以提升科技水平为支撑，加快德宏州高原特色农业气象业务服务能力，更好地为德宏州社会经济服务。

（一）理清发展思路

紧紧围绕德宏州高原特色农业发展的主要目标、优势产业和行动计划，结合中国气象局提出的气象为农"两个服务体系"建设目标任务，按照省局党组"职能融入、能力提升、注重特色、创新发展"工作思路，做好特色文章，以提升科技支撑为重点，以加强农业气象观测、试验为基础，强化农业气象预测预报、农业气象灾害分析和风险评估等能力建设，推进农业气象业务服务规范化、标准化、定量化，提高气象为德宏州高原特色农业服务的能力和水平。

（二）明确重点任务

1. 完善德宏州高原特色农业气象观测网

围绕高原特色农业发展的需求，以主要经济作物为服务对象，按照省局《云南高原特色农业气象观测网规划》（讨论稿）中的布局，围绕德宏州委、州政府提出的打造柠檬、咖啡、坚果三大特色庄园这个目标，切实加强橡胶、咖啡、茶叶、烤烟、柠檬等富有地方特色的农作物气象观测网建设，增加并合理布局农业气象观测站、试验站，配备现代化的观测与试验分析设备，建立农业气象观测试验保障系统，形成高原特色农业气象观测与试验体系。

2. 着力提高高原特色农业气象情报质量

围绕高原特色农业产前、产中、产后的生产全过程，在完善现有农业气象情报业务的基础上，着重发展全程性、多时效、多目标、定量化的高原特色农业系列化专项情报，开展以旬、月、年为周期的基础情报，逐步发展日、周和农事节令的专题情报，为农业生产管理、农民、合作社、农业龙头企业和农业专业大户等提供直通车式气象情报服务。继续加强与省气象台、气科所、气候中心、相关州局、市局联合开发"气象为德宏发展高原特色农业气象服务平台"。

3. 全面提升高原特色农业气象预报水平

围绕高原特色农业发展的需要，依托气象部门的天气预报、短期气候预测产品，以农业气象指标为依据，开展多元化、多时效的农用天气、农业年景、作物产量与品质、土壤墒情与节水灌溉、关键物候期、农林病虫害发生发展气象等级的动态化和精准化预报，为农业生产管理和农产品收购、加工、贸易、调拨、储运提供农业气象预报信息服务。

4. 大力推进高原特色农业气象灾害监测、预警与风险评估

围绕粮食生产、特色经济作物、设施农业、林业等防灾减灾、农业保险的需要，有针对性地开展高原特色农业气象灾害的监测、预警与评估。并针对干旱、洪涝、低温、寒害等主要农业气象灾害，基于历史农业气象灾害记录，结合农业气象灾害指标的历史反演，确定主要农业气象灾害的发生概率，利用先进的区划技术与方法，开展主要农业气象灾害风险区划和风险分析，制订灾害防御规划，为防灾减灾提供对策建议。

5. 深入开展高原特色农业气候资源利用与适应气候变化服务

围绕高原特色农业发展的需要，做好光合生产、光温生产和气候生产潜力的精细化评价，开展精细化农业气候区划、品质区划与农业气候可行性论证。做好农业生产对气候变化的敏感性、脆弱性和适应性分析，为农业与农村生态环境应对气候变化等提供决策依据。

以德宏州气象局与省气候中心完成的《基于GIS技术的德宏州精细化农业气候区划及其应用研究》成果为支撑，继续与省气候中心协作完成对咖啡、坚果、柠檬、甘蔗、橡胶、茶叶、石斛、核桃、油茶、烟叶、优质水稻、优质玉米、优质林木等特色生物的专项气候区划。

6. 建设以保护现代烟草农业为重点的人工增雨防雹系统

德宏州烤烟生长的关键时期受冰雹、干旱灾害影响较大，通过人工增雨、人工防雹，减少干旱、降雹对烟叶生长的危害，保障烟叶丰产丰收，是大气科学直接服务于现代烟草农业的重要手段。主要建设任务：一是建设州级人影作业指挥中心1个，建设县(市)级人影指挥分中心5个；二是按照每1万亩建设1个固定防雹点的标准，到2017年在全州建设固定防雹作业点40个，其中芒市9个、瑞丽县2个、陇川县10个、盈江县13个、梁河县6个。

7. 切实加强云南滇西咖啡气象服务中心建设

依托云南滇西咖啡气象服务中心这一载体，在省高原特色农业气象服务中心的指导和带动下，加强农业气象业务队伍建设，推进相关业务发展。要加快专业化的农业气象监测体系建设，通过以小气候观测、土壤水分观测、大田调查数据、调查历史灾情资料等手段获取基础数据，根据农业气象学、天气气候学的防灾减灾等相关学科的原理、方法，分析、研究为橡胶、咖啡、茶叶、烤烟等富有地方特色的农作物关键生育期需要关注的气象条件，初步建立农用天气专家知识库，最终建成农业气象服务综合平台，通过农业气象服务综合平台，提供咖啡、橡胶、烤烟、茶叶等气象服务产品及相关信息、发布气象灾害预警等信息。

日喀则地区“三农”气象服务的调研报告

洛桑扎西　格桑卓嘎

（西藏自治区气象局）

2013 年，日喀则地区江孜、定日两县按照区局统一部署，以“三农气象服务专项”为依托，开展了农业气象服务体系建设试点工作。通过一年多的试点建设，日喀则地区气象为农服务“两个体系”逐步建立，农业气象服务的能力和水平明显提高。

一、日喀则地区农业发展现状

（一）自然地理及气候概况（略）

（二）农业发展现状

日喀则地区素有“西藏粮仓”的美誉，是西藏最大的青稞生产基地。全地区耕地面积 795 万平方千米，常年播种面积 750 平方千米左右，主要集中在雅鲁藏布江、年楚河、朋曲河沿岸的河谷地带。主要农作物有青稞、春小麦、冬小麦、油菜、豌豆等，尤以青稞种植面积最大。农牧业是日喀则地区的主导产业，据统计，日喀则地区农业、牧业、林业的各项产值占农牧林总产值的比重分别为 54％，39％和 1.6％，农牧业合占 93％以上，其中农业比重大于 50％。

21 世纪以来，日喀则地区农业正处在一个高速发展的准备时期，但农业生产水平和农业技术综合服务能力同发达地区相比还处于相对滞后状态，发展现代农业还面临诸多问题，主要表现为农业基础设施薄弱，组织程度较低，科技支撑有限，市场流通不畅。

（三）气象为农服务现状

2013 年起，日喀则地区气象局加大了农业气象服务力度，规范了相关服务业务流程。地区气象台根据农作物生育进程、气候背景、农作物气象指标、常见的气象灾害等，结合雨情、灾情、土壤墒情、农情信息以及未来天气预测预报意见，在作物生长发育期内，发布相应的农业气象服务产品，为相关部门准确把握天气气候变化，指导农业生产提供依据。同时，制定了农业气象周年服务方案，根据作物苗情及发育进程、适宜的农业气象条件、不利的气象条件、可能出现的灾害，以及应采取的措施及农事活动方面做详细分析，提出相应的农业气象服务对策。此外，2013 年起，地区气象台业务员指导江孜县局相关工作人员制作农业气象服务产品，并对他们的产品进行订正和把关，以县局的名义发布，初步建立了江孜县农业气象指标体系以及县级农业气象周年服务方案。

1. 农业气象服务产品

2013 年之前，日喀则地区农业气象服务产品只有三类，分别为逐旬发布的农业情报、逐年发布的春播预报和产量预测。2013 年起新增了《春耕春播气象服务专报》《春青稞、春小麦气象服务专报》《农用天气预报》和《秋收、晾晒气象服务专报》。2014 年起新增《土壤水分监测公报》《年、季节农业气象条件评述》《农业气象灾害评估报告》《土壤增墒简报》等。服务产品基本与西藏自治区气象局生态与农业中心发布的产品同步。

2. 气象为农服务方式

农业气象服务产品分为定期发布的气象服务产品和根据需要制作的专题气象服务产品两类。服务产品通过纸质和传真的方式向相关部门发送。

3. 农业气象平台及系统

观测:日喀则地区农业气象观测平台为AgMODOS,包含土壤墒情观测等项目。2011年开始安装了土壤水分自动观测仪器,目前人工和自动同时对比观测每月逢三逢八的土壤墒情。

服务:2013年日喀则地区江孜、定日、亚东设立了县级公共气象服务平台,其中包含农业气象服务等相关内容。目前,无针对全地区农业气象服务的相关平台及软件系统。

二、农业气象服务工作存在的主要问题

日喀则地区基层气象部门人手少、素质偏低,专职从事农业气象服务的人员更少,高、精、尖人才缺乏,从业人员普遍缺乏农业气象专业知识和田间地头实际工作经历;另外,自治区气象局在农业气象服务工作中的技术支撑作用发挥也不够,农业气象服务产品仍较单一、科技含量较低,整体服务水平满足不了农业生产对气象的精细化要求。

一是缺乏现代农业气象观测积累。日喀则地区气象局农业气象组仅开展了自然物候观测、土壤水分观测等内容,项目少、信息化程度低,普遍缺少局地小气候观测、农业观测等,农业气象试验也鲜有开展,资料积累和产品服务明显底气不足。

二是农业气象服务产品针对性不强。播种、灌溉、施肥、收割、病虫害防治等具体生产环节的气象服务产品指导性不强,以常规的天气预报代替农业气象服务的做法十分普遍,与“管家式”全程农业气象服务的要求有很大的差距;另外,无法提供准确的中长期预报和在此基础上的农业气象服务产品。通过调查发现,如同气象防灾减灾体系对气象预报预警的准确性、及时性需求一样,农业气象服务非常需要准确的中长期预报支撑,以结合农事环节加工农业气象服务产品。

三是信息发布手段不能适应新的需求。通过农村气象灾害防御体系的建立,手机短信、户外显示屏、信息服务网站等服务产品传播手段基本建立,信息传播的有效性、覆盖面和及时性都逐步加强,但这些发布手段普遍存在互动性不够的问题,农户在农业生产中遇到的农业气象问题不能及时地上报并得到解决。

四是自治区气象局的技术支撑作用发挥不够。自治区级气象部门的技术支撑作用发挥不够,造成农业气象规划和设计方案起点低、技术含量低、水平低,工作延续性差,易走弯路;还造成重复劳动问题,气象监测资料、农业观测数据以及来自其他部门的共享资料、科研合作单位的共享数据等,由地(市)县分别开发数据平台和农业气象服务平台,集约程度低。

三、对策建议

(一)切实发挥政府在农业气象服务中的主导作用,通过解决基层保障问题达到提升基层技术支撑能力的目的

牢固树立农业气象服务地方、是地方气象事业、应由地方政府主导发展的思想,从多方面入手争取地方政府的全方位支持。一是找准服务切入点,要结合当地农业主产粮油作物和经济作物等寻找农业气象服务切入点,尤其是政府和农业大户需求强烈的结合点;二是加强宣传,向地方政府、有关部门和科研单位宣传中央一号文件和为农业气象服务,结合本地实际宣传为农业气象服务案例,让为农业气象服务得到广泛认同;三是加强部门联合。联合相关部门制作印发农业气象发展规划,联合科研部门确定农业气

象发展实施方案等，使农业气象项目和农业气象服务更有针对性，减少实施难度并争取更广泛支持；四是通过提高服务效益等途径，逐步将农业气象工作纳入政府工作体系、保障体系和考核体系，解决可持续发展问题。

另外，加强农业气象服务的自治区级顶层设计，从自治区级角度出台全区农业气象规划和农业气象试验站布局，更易争取各级机构编制经费，以目标任务考核等方式更易促进下级政府发挥在农业气象服务体系建设中的主导作用，便于地(市)县开展工作。

(二)强化自治区级气象部门在农业气象服务中的技术支撑主体作用

强化各级气象机构的管理职责，能提高农业气象服务工作效率和资源配置效益，更加统筹集约；强化自治区级气象部门的技术主体作用，能有效提高农业气象服务的科技支撑和技术含量。

在考察调研中发现，部分省规范了省、市、县各级服务机构和职责，强化了省级气象部门在农业气象服务中的主体作用，尤其是强化了管理部门的作用，各级气象部门的农业气象服务能力和服务效果明显提升。如湖北规范了农业气象机构和队伍，省级为湖北省农业气象中心，建立了鄂东、江汉平原、鄂西南、鄂西北区域分中心，分别挂靠武汉、荆州、宜昌、襄阳市气象局，另外，还组建了市级和县级服务团队共四级农业气象业务体系；陕西省苹果等经济作物气象服务体系中，省级业务部门为省经济作物气象台，市、县在原有农业气象服务人员基础上建立了苹果气象台，由专人负责。

强化自治区级气象部门在农业气象服务中的主体作用。一是要上下互动统筹规划全区农业气象服务重点、服务特色和农业气象试验站布局，使规划和方案既有高度，又接地气；二是要统一全区特种观测设备准入标准和共享数据规范，使特种观测数据和部门共享数据能尽快进入业务体系并发挥效益，避免新数据游离于业务体系之外；三是要统一组织制定和调整预警服务指标，使指标逐步趋于实用和更有科技含量；四是要统一建设业务服务平台，提高平台水平和服务效率；五是要提高资金使用效率，配套资金可仍由项目落地市县争取，由各市县、试验站统筹使用。

2014年西安、咸阳市气象局深化气象改革试点调研报告

罗　慧　高晓斌　赵　荣

（陕西省气象局）

一、西安市、咸阳市气象局压茬推进深化气象改革试点

陕西省西安市气象局和咸阳市气象局作为全省气象系统深化气象改革的试点地市局，2014年度基本思路是以气象政府化为导向，坚持创新发展、融入发展、合作发展，“抓重点、勇突破、促试点，实事求是、稳妥推进”，全面推进深化气象改革和气象现代化工作。工作主要切入点和重点包括：

（1）继续走好政府化路子，在政府权力清单、公共服务清单、基层镇村改革、落实地方机构和编制等工作上下功夫，增强气象部门管理职能和发展潜力。

（2）两地均继续加大落实地方机构和编制工作力度。

（3）优先开展中国气象局在全省确定的机构优化调整等改革试点，集中体现为关于区县局岗位设置工作。

（4）西安市“火车头计划”推动事业创新发展，咸阳市“蹲点”培训提升业务及服务能力，省市县人才互动交流激发创新活力。

（5）西安市气象局集成业务平台展现现代化建设成果，市县一体化业务平台提高服务效率。

二、当前县（区）气象局业务系统建设及应用现状

第一，缺乏类似于MICAPS的人机交互系统，县（区）级业务系统（软件）数量繁多，各区县使用差异大；新技术、新资料应用较少。目前由中央、省、市局推广应用到区县局的各类业务系统繁多，同类系统之间不兼容。新技术、新资料应用较少。

第二，基层业务人员少，尤其缺乏预报预警应急服务方面人才。测报或其他人员经过短暂培训学习，兼职从事预报服务工作，缺乏预报服务专业人员，业务人员中外聘人员所占比例较大。

第三，基层业务流程需要优化调整。自去年全省的观测业务调整后，市局今年推进了地空一体化改革，区县局观测业务调整基本到位。明确市、县预报预警产品制作分工和职责，强化市级对县局的指导作用，规范县级服务产品格式，提高服务材料质量，增强服务效果。

三、针对性探索建立和实施县（区）局岗位管理制度

涉及深化改革的核心内容是如何设置“综合业务管理岗”，目标是建立业务一体化、功能集约化、岗位多责化的综合气象业务，实现公共气象服务、气象预报预测、气象观测、应急管理和综合气象保障等各项业务综合化、集约化。这必将带来对工作职责、管理制度、业务人员的综合化要求。可以用“层级管理＋矩阵式”的方式解决基层的问题：层级管理符合2013年县级机构综合改革的要求，目前大部分是局内设了综合办公室＋防灾减灾科，气象台（气象站）＋公共气象服务中心，人影办（气象灾害防御中心），防雷检

测所(科技服务实体)。人员统筹成为矩阵式管理主要针对基层人员少、任务重、职能交叉的现实，按照“一人多岗、一岗多责”，以人力资源“同素异构”理论为指导，盘活人才、技术、智力等资源，实现人力资源的统筹，提升基层人才队伍适应深化改革和气象现代化建设的能力。

(一)改革分阶段、分步骤实施，进一步加强顶层设计，推进县级气象业务改革

改革分阶段、分步骤实施，不搞“一刀切”。在设立“综合业务岗位”上，不要一刀切，应充分考虑区县局的不同情况和过去的传统。对人员较少的区县局可实行主、副班制度(类似于前几年大部分区县局实行的业务大轮班)；对人员较多的区县局，可将“综合业务岗”再细分为综合观测、预报服务、技术保障等工作岗位，进一步提高工作质量。因为目前各台站业务人员素质、水平、能力差异很大，建议给出一定的过渡期，或者先从一两个区县试点。再者，岗分多级，建议不超三级。

进一步加强顶层设计，加强科技创新带动、加强人才管理与培训，提高区县综合业务人员能力，推进县级气象业务改革。依照整合、共享、方便的原则，做好区县局基本业务系统的顶层设计，业务系统统筹集约方便。建立健全业务管理体系，完善以业务质量和服务效果为核心的业务考核评价机制，推进业务管理由分项运行管理向综合质量标准管理转变。加强人员综合业务培训。制定县级综合业务(预报预警、公共服务、综合观测、技术保障等)培训方案和和县级综合业务人员轮训计划，定期进行集中培训，同时下发课件开展单位自行培训，全面提升业务人员的综合能力。

(二)不搞“一刀切”，大胆探索、差异化推动县(区)气象机构岗位设置和岗位管理工作改革

关于区县级局长上岗问题和“中层”干部的形成问题。县局局长应该具有综合业务岗位所需要的各类业务知识和技能背景，可以考虑给区县局长办专门的综合培训来通过资格考试。让县级局长具有综合业务岗位的基层要求是事业发展和社会的需要，必须坚持。但目前的县局局长除了要进行各类岗位资质的培训，还需要通过公务员法加以规范管理，应该按照《公务员管理条例》来执行考核。关于县级“中层”干部的建立，首先，综合业务岗位确定的人员，可以成为县级“总工”；其次，以科、办、中心等为单位建立主要负责人制，形成中层干部。重点规定管理职责，年终考核管理职责。

统筹推进县级综合管理和业务岗位设置的综合化。结合服务清单、工作任务和岗位职责，开展针对性培训，促进综合管理和业务人员适应综合化岗位的需求，在深化气象综合岗位改革的进程中，需要符合体制机制改革要求，需要适应新型综合业务布局要求，制定基层台站综合业务任务清单、建设实际工作需求的一体化业务系统作为平台支撑。

关于淡化身份、同岗统筹，以及外聘人员待遇问题。“综合业务管理岗”的核心在于“按劳取酬、多劳多得”。在目前环境下实施，还应遵循“依法推进、积极稳妥、统筹兼顾”的原则，即：不违背国家有关劳资政策；对竞争上岗的外聘人员薪酬可参照同岗位在编职工的津补贴标准发放，还应考虑国家推行综合预算和事企分离后编外职工的薪酬来源；统一设岗后的每个岗位也应根据工作量、难易程度、上岗人员资格证考取情况以及岗位动态考核情况设立不同薪酬级差，基本工资稳步增长、津补贴拿出一部分统筹、奖罚并重。特别要把好“进口关”，进一些高素质外聘人才：提高待遇、把住关口、提高素质。

(三)深入学习领会党的十八大和十八届三中、四中全会精神，坚持创新发展、融入发展、合作发展，抓重点、勇突破、促试点，做好西安市气象局各项深化气象改革和气象现代化试点工作

贯彻落实中国气象局91号文件，继续做大、做强、做漂亮“海棠图”。在探索具有西安本地特色的气象服务体制中谋求突破，全力以赴做好大城市气象保障服务，加大开放合作力度，汇聚部门内外建设、项目、科技和人才资源。

加强科技创新带动，提升县级综合业务科技支撑力，同步推进县级业务工作的综合化和现代化。业务综合化需要业务现代化做支撑，要求实现公共气象服务业务、预报预测业务和综合气象观测业务协调

发展，实现观测自动化、预报精准化、流程科学化、信息智能化、系统一体化。继续推进气象现代化二期平台推广应用，着力市县精细化、一体化预报预警、交通旅游等。强化空气质量数值预报研究，更新污染排放源清单，优化西安大气污染空气质量（XaWRF－CMAQ）系统，带头推进关中区域环境气象业务。发挥“火车头计划”市级创新团队的作用，建立市县一体化的业务平台，快速开展业务指导与技术交流；强化县级一体化业务平台的建设和培训推广应用。有针对性地开展现代化设备探测数据、产品分析应用科研工作，促使科研成果在县级转化生根，加强县级综合业务人员对雷达产品、自动站分钟资料及土壤水分资料等的应用。

在管理体制改革中着力强化职能，推进气象管理法治化。不断推进地方政府在气象现代化建设中的主导作用，积极探索政府购买公共气象服务机制，争取更多服务内容纳入政府购买服务清单。以强化基层气象部门社会化管理职能为导向，在政府权力清单、公共服务清单、基层镇村改革等工作上下功夫，增强气象部门管理职能和发展潜力。

甘肃省气象科技人才现状调研报告

刘治国　郑　叙

（甘肃省气象局）

一、甘肃省气象科技人才队伍结构和政策框架体系现状

（一）甘肃省气象科技人才队伍结构现状

甘肃省气象部门现有国家编制1958名，2008年中国气象局核定事业编制1672个，其中管理岗位234个，专业技术岗位1388个，工勤岗50个，占比分别为14%，83%和3%。截至2014年6月30日，全省气象部门共有正式职工1829人，男女比例约为2∶1，平均年龄约为41岁，本科以上人员1189人，硕士学位109人，博士学位20人，大气科学专业1043人。全省具有正研资格15人，高工资格210人，工程师资格959人。省级、市（州）级、县级队伍人数分别为466，667，696人；职工队伍中事业人员1309人，其中管理岗位人员120人，专业技术人员1139人，工勤岗人员50人，分别占比为9.17%，87.1%和3.82%。

（二）甘肃省气象科技人才政策框架体系现状

甘肃省局出台了《中共甘肃省气象局党组关于进一步加强党管人才工作的实施意见》（甘气党组发〔2013〕16号），印发了《甘肃省气象部门人才发展规划（2013—2020年）》（甘气发〔2013〕87号），初步形成了较为完备的气象科技人才政策框架体系，具体来讲，就是一个中心，即坚持党管人才为中心；两条主线，即坚持人才培养引进和人才使用稳定两条主线。

在人才培养和引进方面，制定了《甘肃省气象局"十人计划"管理办法》《甘肃省气象部门业务科研人才培养实施意见》《甘肃省气象局"英才计划"管理办法（试行）》《甘肃省气象部门继续教育管理办法》《甘肃省气象部门业务技术人员交流访问管理办法》《甘肃省气象部门引进急需专业高学历毕业生安家费暂行规定》《甘肃省气象部门毕业生录用办法》《甘肃省气象部门艰苦气象台站人员补充实施办法》《甘肃省地方气象机构工作人员管理办法》《甘肃省气象部门事业单位录用编外用工人员实施细则（试行）》《甘肃省气象部门职工调配办法（试行）》等。

在人才使用和稳定方面，印发了《甘肃省气象部门优秀科技人才管理办法》，其中包括了学科带头人、业务科研骨干人才、青年优秀人才和一线专门人才4个层次的优秀人才。另外，还建立了优秀业务科技人才奖励机制。各市（州）气象局和省局各直属单位也先后出台了相应的配套人才政策和措施。

二、甘肃省气象科技人才问题分析

（一）高层次创新型和关键领域人才紧缺，专业领域分布不尽合理，急需领域空缺，人才培养引进和稳定压力大

1. 入选省部级及以上人才工程的高层次人才

现有的高层次人才主要集中在少数人身上，且分布极不均匀，具有正研资格的高层次人才总体紧缺，

从事数值预报研发的人才严重短缺。在中国气象局决策、公众、专业、气象灾害风险、农业气象和人影业务等六个方向的首席气象服务专家全省无一人入选。

2. 具有正研资格、博士学位的高层次人才

具有正研专业技术任职资格人员从事业务工作的少，从事管理工作的反而较多，岗位分布不尽合理。从专业领域看，大部分是从事农气生态领域，在数值预报、气象服务、信息网络、大气探测等急需领域空缺，在专业领域分布上也不尽合理。

具有博士学位的以在职博士为主，应届博士较少，大气科学专业博士更少，分布也不均。

具有正研资格人员流失严重，稳定压力大，人才储备不足。

3. 具有副高专业技术任职资格的高层次人才

全省气象部门具有副高专业技术任职资格人员占比 11.4%，全国排名倒数第 4，非常缺乏。全省各市(州)分布极不均匀。

(二)人才培养和使用政策体系与现有人才队伍不相适应，高层次人才培养有待加强，人才培养和使用政策体系有待评估完善

1. 人才培养和使用政策体系

一是存在政策混乱分类不清的情况，人才名称容易混淆；虽然涉及的面较广，但是分类不清。二是政策体系不健全，缺少对高层次领军人才的培养，缺少政策评估体系。

2. 入选"十人计划"的高层次人才

"十人计划"在人才培养中发挥了一定的作用，共计 18 人获得"十人计划"资助培养，12 人通过正研评审，通过率达到 66.7%。但发挥的作用在逐年降低。对省局人员培养的效果较好；对市(州)局人员培养的效果欠佳。

3. 入选其他人才计划的优秀人才

青年优秀人才培养计划发挥了一定的作用，共计 26 人获得资助培养，22 人通过高工评审，通过率达到 84.6%。但发挥的作用在逐年降低，在市(州)局和省局发挥的作用区别不大。

青年英才培养计划、一线高级专门人才培养计划、优秀科技人才使用计划等发挥的作用有待进一步评估。

(三)人员整体结构不尽合理，中级职称人员比例较少，学历水平低，退休问题严重、引进人才压力大

1. 全省气象部门中央在编人员整体结构

全省气象部门中央在编人员中，工勤岗约占 3%，事业单位职员约占 7%，专业技术人员约占 62%，参公人员约占 28%。与全国相比，工勤岗和事业单位职员所占比例较大，专业技术人员比例相对较小。在职人员总体结构不尽合理，专业技术含量不高，人才总体素质有待进一步提高。

2. 全省气象部门中央在编人员年龄分布

全省气象职工平均年龄为 41.7 岁，其中 49～51 岁的职工数最多，25～27 岁年龄段的职工数相对密集，男职工 49～51 岁、55～57 岁、25～27 岁年龄段、女职工 49～51 岁年龄段，均出现了较明显的波峰。由此可见，近五年正处于一个职工退休的小高峰期，未来十年，将有三个退休小高峰，分别是 2014 年、2018 年、2022 年，年退休人数都在 70 人以上。从 2023 年起，将会进入一个更大的职工退休高峰期。

3. 全省气象部门中央在编人员学历(学位)与年龄结构

甘肃省气象部门本科以上学历人数占职工总数的 66.0%，高学历职工主要集中在 45 岁以下年龄

段，低学历职工主要集中在46岁以上年龄段。从总体上看，与全国相比，本科以上学历人数占比排名全国第21名，说明全省人才总体素质较低，具有博士学位人数位列全国第9位，优势不明显。

4. 全省气象部门中央在编人员职称与年龄结构分布

具有高级职称的人数占职工总数的11.06%，其中正高占1.2%，且主要集中在46～55岁年龄段，正研与副研的比例为7.85%，县局中级以上人员比例为66.43%，与全国相比，高级职称人数占比全国倒数第5，正研与副研的比例全国第9，县级中级以上人员比例全国第5，另外，省级预报预测人员比例全国第19。人才总体素质偏低，而且结构比例也不尽合理。

（四）其他方面的问题

向省、市（州）、县三级45位高级工程师、20位工程师、20位助理工程师，其中包括了入选省局各项人才培养和使用计划的人选，进行了问卷调查，结果发现：认为没有或者缺少项目支持的人占90.5%，尤其是市（州）级和县级的人员，占100%。45位高级工程师中认为制约他们评审正研主要因素是没有或者缺少项目支持或者缺少业务科技奖励的占93.3%，只有1人认为缺少论文，还有2人认为业务工作压力大，缺少从事科研工作时间。20位工程师有14位认为制约他们评审高工主要因素是缺少项目支持，达不到评审高工的基本条件，有6位认为是没有论文或没有奖励。

从近几年高工评审资格审查中发现，没有通过资格审查的大部分人员都是没有主持过项目，其次就是没有获得过奖励或者相关成果没有得到上级部门的认可。

三、甘肃省气象科技人才建设对策建议

（一）进一步发挥党管人才作用

建议甘肃省局党组每年召开一次不同层次科技人才和各单位分管人才工作人员的座谈会，进一步发挥直接联系专家制度的作用，进一步发挥党组在人才管理中的作用，将各单位人才工作纳入“一把手”工作目标责任制进行考核。

（二）进一步完善气象科技人才政策体系

一是开展现有气象科技人才政策体系评估。二是在对现有气象科技人才政策体系进行评估的基础上，对各项政策进行规范。三是进一步完善和丰富不同层次人才政策。

（三）进一步完善气象科技人才工作机制

一是建立分层次、分类别人才的考核和激励机制。二是建立各类气象科技人才政策考核评估机制。三是建立开放的交流合作机制。四是建立灵活多样的人才引进机制。五是建立广泛的交流机制。六是建立导师代培机制。七是建立有计划、有针对性的培养机制。八是建立科技和人才相互支撑的机制。

（四）气象科技人才总体素质方面

一是及早应对退休高峰造成的缺编压力大。二是积极引导解决工勤岗和事业单位职员（管理岗）比例较大、专业技术人员比例较小的问题。三是加大引进和培养人才的力度，加强在职教育培训，改善存量人才的知识和学历结构。四是优化高工评审流程，加大高层次人才培养力度，扩大省级预报预测人员比例。

（五）其他方面的建议

一是人才培养使用的导向上，高度重视人才的自主培养和稳定，尤其是高层次人才。采取形式多样

的培养措施，为高层次人才提供工作平台，加强对年轻后备人才的培养。在人才稳定方面要有所侧重，要加大对高层次人才的稳定力度，制订相关优惠政策、定期疗养制度等，要将人才稳定的重点放在高层次人才。

二是业务科技激励的导向上，将导向由论文逐渐向项目申报和完成获奖转移，引导积极申报和高质量地完成项目。

三是在项目问题上，加大人才科技资源的有效衔接，对于入选人才培养计划的人员不要将经费简单以人才培养经费形式下达，而转换为以项目的形式，或者以项目为主的形式下达，以入选人员在现有研究方向范围内自选研究内容为主。业务能力建设项目要发挥高层次专家型人才的作用，将其作为人才团队和高层次人才培养的一个平台。

四是完善工程师高工评审，升级现有中级考试系统，完善现有考试题库，修订《甘肃省气象局气象专业中级技术职务任职资格考试暂行办法》。可完全参照中国气象局正研评审流程进行，同时增设单独的县级高工评审组。

青海县级气象机构及人力资源状况调研报告

程 萍 唐文婷

（青海省气象局人事处）

一、青海县级气象机构及人力资源现状

（一）县级气象机构设置状况

青海省目前设有国家气象系统县级气象机构51个。其中：县级气象局40个，其他独立设置的县级气象机构11个（气象站10个，试验站1个）。61%的县级气象机构地处气候恶劣、海拔高度在3000～4500米的青南、唐古拉山及祁连山等艰苦边远地区和乡镇。

截至2014年7月底，全省51个县级气象机构设置国家气象系统编制总数占全省气象部门国家气象系统事业编制总数的32%。其中：在36个县气象局设置了管理机构，参照公务员法管理人员编制占县级总编制的20%；设置40个县气象台、32个县气象服务中心，县级气象业务机构国家气象系统事业编制占县级总编制的64%；其他11个独立设置的县级气象机构，设置16%气象事业编制。

经地方机构编制委员会批准，在4个县气象局设置了县气象防灾减灾应急办公室等地方气象事业机构，批准地方事业编制8个。

（二）县级气象机构人力资源状况

目前全省县级气象机构在编气象职工占全省气象部门职工总数的32%，尚没有地方事业编制人员。其中，有37%的县级气象机构人员缺编30%及以上，有的甚至高达70%。18个属于国家一、二类艰苦气象台站的县气象局（站）编制外聘用业务人员平均4人，约占县级国家气象事业编制数的15%。

截至2014年7月底，县级气象人才队伍中具有大学本科及以上学历的占59%，高于全国气象部门比例3%，学历层次较以往有较大提高，但具有全日制大气科学等相关气象专业本科及以上学历人员仅占20%；具有气象工程系列中级以上专业技术职称的人员占63%，但具有副研级高级专业技术职称的仅占2%；年龄在35岁及以下占42%，近10%是50岁以上人员。县级气象人才队伍呈现总量不足、专业结构失衡、年龄结构不合理的现象。

二、县级气象机构改革面临的问题

（一）县级气象机构及岗位设置管理方面

1. 机构设置缺乏合理定位，特色发展

政事分开、局站分离的机构雏形已基本形成，各县级气象管理和业务机构基本分设，但还未能与构建开放有序的新型气象服务体系、具有青海高原特色的现代气象业务需求相适应。在县级内设机构如何履行管理职能方面，在气象业务机构、岗位编制设置方面，未能体现不同地域发展、不同服务需求、各具特色的机构设置，距离“规模适当、结构优化、布局合理、保障有力、运转高效”的基层综合改革目标有较大

差距。

2. 综合业务岗位设置缺乏科学性

缺乏适应性、可执行性，岗位职责任务多站多岗雷同，存在照抄、照搬现象，机构、人员编制“多多益善、只想增不能减”的旧观念依然存在。国家基准气候站、国家基本气象站、国家一般气象站未能依照承担工作多少合理分解、饱满设置岗位任务。

3. 人事、人才管理机制亟待完善

现有机制与县级气象机构综合改革不相适应，尚未建立多元化的人力资源结构，人才紧缺与人员闲置现象依然并存。

4. 新批准成立的市、县气象机构改革任重道远

平安、玛沁、玉树、称多 4 个新成立的县(市)局初步构建了独立机构基本框架，但在职责任务分解、岗位人员配置等方面还有待进一步落实。

5. 后勤保障机制改革亟待进行

目前大多数县局站后勤保障工作均采取聘用临时人员(主要是炊事员、锅炉工)承担，聘用人员所需经费仅靠从本站有限的事业和创收经费中开支，劳动关系不清、经费开支不足，保障及安全问题存在隐患。

(二)人力资源方面

1. 基层气象人才队伍与新型气象事业发展需求不相适应

人才问题仍然是制约青海省基层气象事业稳定和发展的瓶颈。特别是全省县级气象人才队伍的专业结构、年龄结构、知识结构、区域结构和能力结构等都存在不合理的现象，基层气象人力资源现状与新型气象事业发展需求的不相适应性愈加突显。

2. 基层气象机构岗位缺编问题突出

各县级气象机构在总编制不变的情况下，综合气象业务、社会服务任务不断增加，县级气象机构“事多人少、编制不足”的矛盾愈加突出。加之人员引进困难，县级气象机构人员缺编达 34%，一类艰苦气象台站人员缺编现象更加严重，最多的达到 43%。

3. 专业技术人才短缺与浪费现象并存

县级气象机构岗位考核评价、聘用竞争机制尚不完善，激励、约束和稳定专业技术人员东西部、省州县有序交流机制缺乏，致使部分条件相对较好的局站人员满编甚至超编，部分局站一边是个别年龄偏大、身体欠佳的在编人员无法坚持正常工作，另一边编外聘用人员承担大量工作。

4. 现有基层业务人才紧缺危机隐存

未来五年内达到青海省政府规定退休年龄退休人员比例分别为 3%，2%，4%，4%，5%，还有部分人员因健康原因面临提前病退，势必造成县级气象机构人员集中退出，人才紧缺现象更加明显。藏区气象台站稳定型人才不足。

三、调研思考

1. 通过推进县级气象机构综合改革，使基层气象机构设置更加合理

只有将县级气象机构综合改革与全面深化气象改革工作和推进气象现代化建设紧密结合，努力推进县级气象机构基本公共气象服务和气象社会管理职能转变，才能实现真正意义上的改革。必须把推进县级气象机构及岗位设置改革作为重点任务，进一步梳理和明确青海不同发展区域、不同气象服务需求及职责任务，科学调整优化县级气象机构职能和结构布局，实现向综合履行职能的转变，使基层气象事业结构更加合理。通过合理调整岗位编制数额，优化县级综合气象业务岗位设置，实行集约、高效的综合气象业务岗位管理，最大可能减少艰苦气象台站在岗业务人员和工作时间，加大艰苦地区气象职工轮换（轮休）概率。在积极争取实现业务服务的自动化、集约化、一体化，以提高基层气象机构的工作效率的基础上，不断建立完善各具特色的岗位运行模式和人员管理机制，规范业务服务工作流程，努力提升县级综合气象业务一岗多责能力，增强气象服务能力。

2. 通过人事管理机制改革，建立多元化的人力资源保障机制

探索构建由传统的"减任务、要编制"的定式思维向"通过职能调整出售服务要人"现代思维转变，建立与改革相适应的国家事业编制、地方事业编制、编外聘用人员、公益服务岗位相结合的多元化用人保障机制，以编外补充、人才派遣等多措并举方式，解决人员编制不足问题，激发基层人力资源管理活力。

3. 通过优化引进培养机制，切实加强基层气象人才队伍建设

科学测算省、市（州）、县级综合业务服务人员数量，依据满编需求和合理退出比例，建立适合青海实际的专业人才引进机制。在继续引进高素质大气科学类毕业生，特别是具有一定稳定性的本地籍人才的同时，继续以每年5%的比例为艰苦地区县级气象机构定向培养引进大气科学、雷达机务等专业本科生及硕士研究生，稳定和优化基层人才队伍结构。将隶属一、二类艰苦台站的县局作为全省乃至全国气象部门人才培养锻炼基地，每年有计划地安排省、州（市）局管理和业务单位新聘用人员到艰苦台站岗位锻炼1～2年。

加大基层优秀人才培养使用力度，通过东西部人才、省州预报员交流等多项措施，加强基层一线紧缺骨干人才培养，完善基层人才奖励和激励制度，促进人才资源合理有序流动。充分发挥省级培训中心及远程教育作用，尤其是5个县级远程学习示范点作用，强化一线综合气象业务人员转型岗位适应性和综合业务能力培训。

4. 通过创新基层人事管理机制，建立良好的人才使用和稳定机制

不断完善基层人事管理机制，优化符合艰苦台站实际的人事管理模式，解决人员补充和轮换安置问题。改革和完善艰苦台站人事管理调配制度，建立具有刚性服务期限，以工作年限、轮岗交流为主导的梯队调配办法和择优调聘机制。努力完善内部收入分配机制，通过科学合理的分配和激励机制，适当拉大人才和重要岗位的收入差距，拉大艰苦地区工作待遇补偿差距，从而调动基层包括业务骨干的工作积极性，留住且稳住一线业务人才。

四、改革建议

1. 明确县局站合理定位，科学设置机构和岗位

整合和明晰县级气象管理和业务机构职责。规范设置综合气象业务岗位及饱满的工作任务，科学测算和调整现有岗位编制和在岗工作人员，对51个县级气象业务机构的岗位编制进行调整。探索创新地、处、乡级气象站管理模式，开展县与县以下气象站集约托管管理机制改革。

2. 实施多元化人力资源引进和管理机制

实行国家编制、地方编制、编外聘用、社会公益岗位相融合的多元化用人机制，并建立岗位聘用和管理模式。在继续以气象专业大学本科及以上毕业生为主导的人才引进基础上，以编外聘用、政府雇员、政府公益岗位、设置大学生实习岗位等多种形式，为基层台站择优引进大气科学及相关专业的大专、本科毕业生，加快改善基层台站人才队伍专业知识、年龄梯次结构。

3. 加快少数民族专业人才培养

建立与青海省高校、相关气象院校合作定向培养、委托培训等多项培养机制，为青海省艰苦台站培养当地籍本科及硕士以上研究生气象专业人才；为地处玉树州、果洛州等民族地区的12个艰苦台站每年定向选拔联合培养5名当地籍藏族气象专业大学生，争取当地籍藏族气象专业技术人才达到60%的比例。

4. 加强基层人才队伍建设

加强基层台站领导班子建设，完善县气象局"一把手"的选配和备案审批工作。加强县局领导干部实践锻炼和交流，改善县局领导班子的知识结构、专业结构和年龄结构。加大"一专多能"基层复合型人才培养，对测报、预报服务、防雷、人影、财务、设备维护等岗位实行持证上岗；加快县级气象服务、综合技术保障等专业技术骨干人才培养。制定高级专业技术职称评审条件和办法，指导县级专业技术人员积极申报、评审高级职称，加快县级高层次人才培养。

5. 努力完善考核评价和分配机制

制定完善气象管理和业务人员考核评价配套措施。继续规范实施现执行的收入分配办法，发放各类津贴补贴，让分配机制执行更加科学、合理、有效，倾斜于肯干事、能干事、多干事的人。不断完善人事管理激励机制，采取奖励补助、特殊倾斜政策支持等多项措施，稳定和吸引基层气象专业人才。

积极争取中国气象局和省局从政策和资金方面支持县局站以购买社会化服务、争取地方政府公益岗位等多种方式，统筹解决后勤保障问题。

关于上海市气象局地面观测自动化工作的调研报告

曹晓钟　王柏林　丁若洋　庞文静　查亚峰　施丽娟　曹云昌

（中国气象局气象探测中心）

上海市气象局作为中国气象局率先实现现代化试点单位，2014 年 1 月 1 日完成了地面观测自动化业务建设和调整改革工作，6 月底开展全市 12 个国家级站点的全自动化试点运行。

一、调研基本情况

（一）调研主题

集成版地面综合观测业务软件（ISOS）使用情况；改革后的业务流程问题。

（二）调研过程

与上海市气象局观测与预报处、信息中心座谈交流，实地考察浦东一般气象站、宝山基本气象站，与业务人员座谈、研讨。

二、上海市地面气象观测业务现状和自动化进展

（一）观测站网和观测业务

上海市共有 12 个国家级台站和 2 个石油平台站点，其中参加业务考核台站有 11 个，站点平均间距 23.0 千米。宝山国家基本气象站同时为高空观测站、辐射观测站、酸雨观测站，其他站点均为一般气象站。浦东一般气象站、宝山基本气象站均为双套自动气象站，其中 DZZ4 型自动气象站属于业务运行设备，Ⅱ型自动气象站属于备份运行。

（二）观测自动化进展

1. 所有国家级站完成自动化观测系统设备安装，并投入业务运行

截至 2014 年 6 月底，上海市气象局完成全市所有 12 个国家级地面气象观测站新型自动站、激光云高仪、能见度仪、天气现象仪、称重式降水传感器等自动化观测设备安装，组织完成设备安装验收工作，各自动化观测系统均投入业务使用。另外，上海全市所有台站均配备便携式自动气象站作为备份手段，确保台站设备正常运行。除云量、日照和冬季部分天气现象外，其余观测要素均实现自动观测。

2.“台站自动观测、市级集中处理、多部门联动”的地面自动化观测业务体系初步形成

截至 7 月 1 日，上海市各国家级台站均完成了台站 ISOS 集成版软件的部署并开始业务运行。在台站 ISOS 软件自动完成了各类数据的实时采集、质量控制、处理加工和存储，在实现常规数据文件和报表传输的同时，实现了实时信息流数据（数据流、状态流）的传输。同步在市级信息中心平台部署了市级地面综合观测应用软件，实现了流和文件数据接收、数据监控、设备监控、初级产品生成等功能。依托自动

化设备自动进行观测，数据流实时快速传输，值班人员实时在市级集中进行状态监控，数据分析、装备保障等工作，出现问题时及时开展多部门联动响应，新的地面自动化观测业务体系已经初步形成。

3. 地面自动化观测业务在信息流传输中取得实效

上海在试点中还尝试采用了信息流数据传输方式，在实现常规文件传输的同时实现了“流”传输。在台站通过 ISOS 软件及通信组件完成了观测数据、状态和其他业务信息的实时流传输，市级地面综合观测应用软件可以在 5 秒以内接收到这些信息并展示。观测数据流实时到达市级后可以快速提供给信息存储等其他业务系统，为“1 分钟数据到预报员桌面”提供了有利支撑。实时状态流到达市级地面综合观测应用软件后能够分析各台站的实时设备运行情况，市级业务人员可以直接读取各台站设备运行状态，在真正意义上实现了全市实时远程设备监控，改变了过去通过观测数据来间接地判断设备运行状态的工作模式。同时业务信息流的实时传输也使得在台站的维护操作等业务活动和元数据实时上传成为可能，为 MDOS(元数据对象描述模式)元数据的获取提供了新的传输渠道。通过信息流数据传输的应用，地面自动化观测业务系统变得更加全面和高效。

4. 地面自动化观测数据应用效益显著提高

随着上海地面自动化观测能力的增强，特别是云、能、天等设备投入业务运行后，观测时次由原来的一天几次定时增加到全天候实时逐分钟观测，数据的时间分辨率大幅提高，数据的客观性大大增强，数据实现了定量可回溯。目前已陆续实现了云高、能见度、天气现象等自动化观测资料接入 MICAPS 平台中，预报员可以得到更加全面快捷高效的观测数据。同时气象台、遥感中心等单位也在继续加强卫星云反演产品和强对流天气现象替代产品的试用和完善，云量、云分类等产品已较为成熟，实现了与预报服务平台的对接。地面自动化观测数据在公共服务、数值预报中的应用效益得到显著提高。

5. 地面自动化观测业务流程调整稳步推进

自 2014 年 1 月 1 日起中国气象局统一取消了部分人工观测项目，后续上海市气象局又依托 ISOS 和信息流传输开展了设备状态监控和数据质控等业务流程的调整，组成市级观测资料审核与设备运行监控技术组，开展市级地面综合观测应用软件和 MDOS 值班工作，将分散的设备监控和数据质控向市级业务集中。台站从“定时观测”转变为“按需观测”，增强市级整体集中监控保障的业务能力和效率，已经逐步开展了观测员职责向天气监测员、数据质量控制员和设备保障员的转变以及业务流程的调整。

其中浦东一般气象站已经基本完成了业务流程和人员岗位的调整工作，通过业务调整减少 2 人，原来测报、预报、服务的业务人员也已经打破了原有岗位职责范畴，进行了一体化统一管理和业务调配。

三、地面观测自动化后取得成绩

(一)自动化观测手段相比人工观测优势初步显现

云、能、天自动化观测投入业务运行后，观测频次大幅提高，观测时次由原来的一天 3 或 5 次增强至逐分钟观测；数据客观性大大增强，观测数据定量化，为更好地在数值预报中应用创造条件。

(二)人工观测工作量有效减轻

云、能、天等项目自动化观测后，目前仅少量冬季项目需人工观测，在春秋季通常情况下，人工观测干预度“几乎为零”。2014 年起全国业务调整，取消需求不明显的观测项目，很大程度减轻基层台站人工观测工作量。设备监控和数据质控流程调整，将分散的设备监控和数据质控向市级质控集中，台站变“定时观测”为“按需观测”，整体效率提高，台站工作量进一步减轻。

（三）基于流传输方式在设备监控和数据传输方面优势初步显现

上海在台站部署了ISOS软件，在市局部署了市级地面综合观测应用软件，在实现常规文件传输的同时实现了"流"传输。"状态流"的传输使得能在市级直接读取各台站设备运行状态，真正意义上在市级实现全市远程设备监控，使得在市级远程调试台站设备成为可能，为台站全自动无人观测提供有效保障，并且较以往文件传输在传输时效和文件积压方面有强大优势。

四、存在的突出问题

（一）软件定位问题

在市级平台上，市级地面综合观测应用软件和ASOM软件、MDOS软件等平台需要进一步融合，需要加强集约化设计。

（二）自动化设备备件

目前，上海市气象局使用的部分自动化观测设备尚未通过中国气象局装备设计定型，后期需要升级换代；同时，仍缺乏必要的自动化观测设备备件。

（三）资料应用单位的适应

观测手段由原来人工变为自动，观测资料在天气预报部门的适应还需要过程，资料气候连续性等问题还需进一步解决。

（四）经费支撑

上海地面气象观测自动化主要依靠山洪项目、预警工程、地方自筹经费完成。2015年仍然需要国家投资经费的大力支持。

五、业务改革后续发展方向

（一）加强设备运行保障，确保自动化观测系统稳定运行

加强设备日常巡视维护工作，适当增加自动化观测设备备件，继续加强针对各类设备故障的应急演练，确保各台站自动化观测系统运行稳定。

（二）完善台站基于全自动化观测综合业务流程

在实现台站向市级流数据传输基础上，结合市、区县两级一体化的数据质控和设备监控业务布局，完善台站基于全自动化观测的综合业务流程，台站原有测报业务向天气监测、数据质量控制、装备运行保障转变，与气象服务、预警预报业务共同组成区县综合业务。

（三）加强自动化观测资料应用

一是加强台站自动化观测资料应用，进一步完善观测资料与市局业务内网对接；二是加强雷暴、闪电、飑、龙卷综合判断资料的使用和评估；三是建立和完善社会辅助观测机制，加强自动化观测后对灾害性天气的监测能力；四是探索自动化观测资料在数值预报中应用。

(四)实现台站至市级的文件传输向流传输业务切换。

在前期宝山、崇明、惠南、浦东站消息中间件数据流传输和长Z文件的生成功能的基础上，进一步实现全市各国家气象观测站消息中间件数据流传输，完善市级基于数据流的长Z文件、日数据文件、日照数据文件、辐射数据文件、酸雨文件、重要报的生成功能，并争取早日将市级基于数据流生成的长Z等一系列文件接入现有业务通讯系统，正式投入业务，原台站生成的长Z等文件作为备份传输手段。

(五)进一步完善市级地面综合观测应用软件平台各项功能

结合前期业务试用情况，继续分阶段完善市级地面综合观测应用软件平台功能。

第一阶段：(1)通过设备运行状态流获取应用开展真正意义上的设备监控，实现由现有的“观测数据”间接监控到设备“状态流”直接监控的转变；(2)通过控制流来实现设备远程调试，提高综合探测网维修维护自动化程度和效率；(3)完善观测产品生成功能，市级地面综合观测应用软件平台生成各类观测应用产品，台站通过访问该平台获取所需观测产品，减轻台站观测产品制作任务，提高地面气象观测系统的一体化，集约化程度。

第二阶段：探索区域自动气象站、探空站、大气成分站以及其他可能台站观测设备实现流传输并接入台站ISOS系统，市级直接获取全市综合观测网多种设备数据流、状态流、控制流信息，提高观测系统的综合程度。

六、调研思考及建议

(一)试点工作取得阶段性成果，改革调整的方向和重点更加明确

自动化设备建设、业务系统建立、业务流程调整都取得了阶段性成果，成效与目标得到了台站业务人员的认可。通过调研评估，进一步明确了调整改革的方向和重点，即继续完善ISOS软件，依托信息数传输建立快速高效节约地面自动化观测业务系统，更好地发挥自动化数据应用效益。

(二)统筹思考面对的难点和期望，继续推进现代化建设和改革

要充分认识到问题和困难的长期性、复杂性。一是要尝试建立国家、省、台站业务人员之间的交流机制，避免国家级在改革中出现政策方面的“空”和“虚”，同时提高基层业务人员对改革的信心和理解；二是要加强对新资料应用科研方向的引导，建立和完善联动科研机制；三是要思考建立针对观测设备生产商的质量考核管理机制，尝试设备召回制度，稳步提高自动化观测设备可用性；四是要打破管理壁垒，加强多部门沟通和合作，建立提倡创新的氛围，鼓励新的信息技术在气象部门的应用。

气象管理体制调研报告

姜海如　彭莹辉　辛　源　王淞秋　龚江丽

（中国气象局发展研究中心）

党的十八大和十八届三中全会以来，国务院各项改革举措密集出台。国家各项重大改革措施，尤其是行政制度改革、财税制度改革、事业单位分类改革等与气象部门密切相关，可能直接影响未来气象事业发展。

一、气象双重领导管理体制不够完善

（一）中央和地方事权划分不够明确

中央和地方气象事权划分的主要依据是《关于进一步加强气象工作的通知》（国发〔1992〕25 号）、《关于加快发展地方气象事业发展的意见》（国办发〔1997〕43 号）两个文件。划分不明确的原因主要在于：

一是气象工作领域不断拓宽，远远超出改革初期确定的工作范围。特别是近些年来突发气象事件预警信息发布，环境、海洋气象监测预警建设，区域性、流域性灾害联防和人工影响天气等跨省区业务系统建设及维持等，都没有非常明确地区分中央和地方事权。

二是共同气象事权责任不明确，中央与地方职责不清。一些中央与地方共同混合事权一直难以明确负责，或者难以落实支出责任。该由中央财政投入的未全额保障，该由地方投入的落实不到位，该由中央和地方共同投入的也难有政策性保障。

三是现有事权划分和支出责任规定比较宽泛，明显不适应国家预算制度改革的要求，操作性不强。由于国家财政部门对气象政策没有出台后续性的文件，一些地方对国办发〔1997〕43 号规定的地方气象事权责任并不完全认可。

（二）中央和地方公共气象经费保障严重不足

一是中央公共气象财政支出保障水平较低。在 2013 年中央气象事业单位总支出中，中央财政实际保障率仅为 48.75%，不到中央气象事业单位运行发展所需资金的 50%。2011—2013 年三年中央财政气象拨款总支出仅占经费总支出的 49.4%，50%以上的经费需要地方投入和气象科技服务创收解决。

二是公共气象财政经费占气象经费总支出的比例不断下降。根据《气象统计年鉴》（2006—2010）数据显示，“十一五”期间气象部门总收入中，中央财政拨款约占 55%，地方财政拨款、创收收入分别约占 20%，25%，中央和地方财政拨款合计占比 75%左右。到 2013 年中央财政拨款比例下降至 41.17%，中央和地方财政拨款合计占比下降至 65.72%左右。

三是现行经费支出结构与气象实际支出事项严重不匹配。气象部门资金支出结构主要由基本支出和项目经费两部分组成。当前财政经费保障的基本支出比例偏低，以 2013 年为例，气象部门中央、地方财政的基本支出占比分别为 38.33%，15.99%；而相应的项目支出占比分别为 54.94%，32.34%，明显高于基本支出。这就导致必须用创收资金补充基本支出，2013 年 45.68%的创收资金用于弥补基本支出，仅 12.72%用于项目支出。

四是地方公共气象财政经费保障不平衡的问题比较突出。一是气象经费支出纳入所在地财政一般性年度预算的比例较低，或者没有预算户头，全国地方列入一般性气象预算经费只占约36%。二是基本支出占比逐年下降，项目支出占财政拨款比重逐年上升，而且多以专项支出或建设资金等方式给予，缺乏稳定性和连续性保障。三是东、中、西部地方支持不平衡，近5年来东部11省地方公共气象财政投入占气象总资金比重平均达到45.86%，而西部12省市只占30.31%。四是大多数地方气象职工的政策性津补贴地方财政并没有解决，由于缺乏具体细化政策，当前约60%以上的气象部门单位未在地方财政落实职工地方性补贴政策。

（三）双重领导管理体制面临一些新情况

一是部分地方政府没有把当地气象部门作为政府的工作部门。主要表现为不支持或不同意在地方财政设立一般性支出预算户头，有的曾经列入地方一般财政预算的也面临调整；一些地方与国家气象事业发展规划相配套的资金落实比例比较低，甚至在落实中打折扣；在一些地方明显存在对气象工作的支持因领导人的改变而改变的情况，有个别地方人大代表公开对气象项目由地方匹配提出不同看法。

二是部分地方领导对地方气象事务由谁决策提出不同看法。总体来说，由中国气象局与地方政府共同协商的气象事务，一般比较容易落实，地方也有较高的积极性。但是，如果只是中国气象局单独下发文件要求明确的地方气象事务事项，情况就比较复杂，有许多地方政府不认可。

三是部分地方政府对气象部门管理的地方气象事权开始提出管理要求。过去地方政府对气象部门代管的地方气象事务（如由经地方批准成立的人工影响天气机构，防雷技术服务机构和其他专业气象服务机构）给予了较宽松的政策，这些机构的人、财、物、事可以均由气象部门按照部门内管理办法进行管理。但是，近年来许多地方政府部门提出要按照地方规则进行管理。

（四）气象科技服务管理体制不适应比较突出

气象部门开展气象科技服务与双重管理体制高度相关。2013年气象科技服务支出已占气象事业总经费的30.35%，在发达地区一些基层气象单位占70%，在职工工资性收入中平均占60%～70%。但是，当前形势发生了一些重大变化，气象科技服务管理体制的不适应性日益突出。一是气象科技服务保护政策面临取消。如果取消气象行政审批事项、开放气象技术服务市场，气象科技服务将受到更大冲击，其带来的收入预算有可能锐减，在中央财政和地方财政不能及时补充到位的情况下，将会对气象部门的生存和发展产生重大影响。二是部门制定的气象科技服务政策已不适应国家预算制度改革要求。国家推进财政预算制度改革，实施全面规范、公开透明的预算制度和全口径预算制度。这样气象事业单位的服务性收入自定政策、自收自支、自由支配的空间将越来越小，自收自支的财务政策还可能取消，而且气象科技服务的财务和政策风险也在不断增加。

二、气象机构与职能设置不够合理

（一）气象管理机构设置层级偏多

当前，我国气象部门行政层级主体为四级体制（即中国气象局、省级气象局、地市级气象局、县市级气象局），但同时也有三级制，主要存在于四个直辖市、海南省、少数省局直管县局，以及无县级管辖区的地级市局。全国实行三级制的地、县级局有102个，占所有地、县级局的4.7%。各级气象机构在管理、业务和服务职能方面普遍雷同。

设置层级偏多带来的问题：一是不利于信息传递和资源共享。二是增加管理和运行成本，造成资源过度分散，影响集约化发展进程。三是影响基层人员的积极性和发展，而且上层的决策在多级转达后，也容易走样和难以落实。

(二)气象资源分散使用导致发展水平受限

四级行政体制相应的管理机制是一级管一级、下一级对上一级负责,各级均有相应独立的业务、服务、人事、财务等资源调节权,从而气象资源层级化分散。具体表现为:

其一,气象服务范围以行政管辖区域为单位,存在规模小、低、散问题,不适应开放、统一、规范的市场服务规则,而且成本高、效益低。其二,分级支配气象资源,容易造成资源、行政管理和网络优势难以充分发挥作用;分级开发制作气象服务产品,基层普遍对开发公共气象服务产品和专业专项气象服务产品缺乏信心。其三,市县分级发展体制下,县级气象机构多数财政经费保障不足,既难以做到政、事、企分开,又难有更多人力资源承担不断增加的公共气象服务任务,而且地方经济发展不平衡造成县级气象事业发展不平衡。

(三)气象管理机构偏重内部管理

全国四级气象行政管理机构都存在偏重于管理内部业务的倾向,特别是地县两级气象管理机构除履行与气象科技服务相关防雷法规管理外,其他气象社会管理职能基本没有履行。

一是对气象社会管理职能分工不够具体且较弱。中国气象局机关13个内设机构门户网站上公布有63项职能,其中涉及对外履行行政管理职能只有14项,仅占22.2%,全部集中在应急减灾与公共服务司(9项)和政策法规司(5项)。2011—2013年全国气象重点工作目标中,业务管理工作占所有管理工作的比例为61.5%～64.1%,平均为62.8%,明显偏多。在省级及以下气象部门都也存在类似情况。

二是部分法定职能没有有效履行。《气象法》除罚则和附则外,只有三十四条,但由于没有相应实施细则、没有明确承担相应职能责任的内设机构,或者没有气象行政执法权等原因,其中有10条(占29%)没有得到实施或执行没有完全到位。

三是气象行业管理职能难以落实到位。长期以来各级气象部门对分散在航空、海洋、水利、农垦、盐业、农牧等部门的气象工作监管不到位。在行业气象规划上基本局限于气象部门,较少包括行业的综合性整体规划;在资料共享上,缺乏对行业内各种气象资料规范约束,行业气象资料数据共享难以有效实现;在气象服务上,缺乏服务监管技术职称、职业条件规范性措施。

四是市县级气象管理机构不同程度存在“空心化”现象。市县两级在气象行政管理履职方面没有实质性突破,部分公共气象服务比较落后的地区,基本没有管理对象,一些县级气象局的管理职能还主要停留在文件上,市级气象局的办公室、人事科、业务科、法制科对社会履职行政职能也不多,能力也较弱,而且大都还主要停留在利益趋动上,法定气象行政管理职能在基层落实任重道远。

三、气象管理方式不适应情况比较突出

(一)气象行政法律法规手段运用不够

一是气象服务市场监管缺位。气象服务还没有相应的法律法规实施细则,气象服务市场的监管基本处于缺位状态。气象行业协会组织体系尚未建立,行政审批的管理方式正在逐步弱化,缺少对气象服务市场实施有效监管措施,特别在气象信息服务方面还没有有效的监管办法。

二是存在气象服务市场部门保护现象。气象部门所属机构包揽了几乎所有的气象公共服务和气象科技服务,部门保护政策过多,气象信息服务中没有对外的气象数据开放,社会力量难以进入;在防雷服务领域,对防雷检测在相当长的时间内还没有形成放开性的实施措施。

(二)业务型管理倾向比较明显

一是存在重过程管理轻结果管理倾向。目标管理设置对过程关注过细,对结果管理重视不足,每年的目标管理考核方案不仅指标分解过细,而且考核指标中有大量地要求召开会议、进行交流和讨论,并提交各种形式的总结报告。

二是部门色彩较浓,与地方管理方式对接不够。气象部门承担的一些项目建设,从项目前期论证、项目规划、项目设计到项目实施,都有气象部门全部包揽,而地方的项目部门只是发挥组织作用,大都由第三方承担具体任务,而且每个环节都有相应经费保障,如三农、山洪、预警等项目到了基层气象部门全过程都是由气象部门自己承担。在一些业务项目建设上,在基层气象部门管理与实施混合现象也比较突出。

(三)对基层差别化管理体现不足

市、县、区气象局尽管行政级别相同,但所反映的地方经济发展状况不同,地方行政机构权限不同,所处地理位置也不尽相同。因此,对市、区、县气象机构在行政管理、业务和服务上应采取不同的管理方式,制定不同的发展指导政策。但目前还缺少这方面的管理政策。

(四)多元人才和多元财务规范管理面临许多实际困难

一是气象部门的人员构成多元化。主要有事业编制、参公人员、地方编制和外聘人员。全国气象部门国家编制除已经参照公务员管理近15000人员外,还有近39000人员需要参加分类改革,这些人员分布在一、二类事业单位和气象科技服务企业,还有18000多人合同用工情况也非常复杂,有的一直在基本业务岗位,其中气象部门从事防雷科技服务的就有4856人,这些人员身份非常复杂,实现规范管理比较困难。

二是财务多元化。主要表现为中央经费、地方经费和科技服务创收三大部分。随着实施综合预算和统一财务制度,由于“三公”经费、基建经费的政策性控制,一些创收较多的地方可能出现“有钱不能用”的情况,而一些创收较差的单位也可能难以通过部门内部调剂解决经费缺口;并且对于气象科技服务发展好的东部,可能造成收入“上缴的多,能用的少”,影响其开展气象科技服务的积极性。

赴人民日报社调研报告

中国气象报社

一、人民日报社基本情况

人民日报社目前形成了由23个内设机构、72个派出机构、3个办事机构、26种社属报刊及若干家所属企业共计四个板块组成的基本架构。近年来，人民日报社坚持传统媒体与新媒体融合发展，形成了融合报纸、刊物、网站、微博、微信、客户端、电子阅报栏、二维码、手机报、网络电视等多种传播形态的现代化全媒体矩阵。

（一）《人民日报》及其新媒体业务

1.《人民日报》

《人民日报》目前为24版（周六、周日为12版，节假日为8版）。《人民日报海外版》是中国对外发行的最具权威性的综合性中文日报。《人民日报藏文版》每天对开4版，公开发行。《人民日报》在国内外分别设有38个和32个记者站。

2. 依托发展的新媒体业务

《人民日报》目前已形成法人微博、微信公众账号、客户端三位一体的移动传播格局。法人微博目前“粉丝”超过5240万。微信用户近50万。客户端推出了移动政务发布厅平台。

《人民日报》法人微博及微信公众账号由微博运营室负责。该运营室是新闻协调部下设的处级单位。共有员工13人，全为事业编制。内容发布则通过自主开发的“人民日报社社交媒体聚合管理系统”，实现多账户一键发布、热门微博发现及传播监控、账号集中管理、工作量统计等多项功能，从技术环节上有效解决了监控分析、安全发布等问题，提高了社交媒体运营管理效率。

《人民日报》客户端为其自主研发产品，由客户端运营室负责，该运营室为新闻协调部下设的处级单位。该室共有26人，均为事业编制，除负责客户端内容发布外，还负责政务账号的商务合作及技术平台的开发。客户端借助移动互联网交互性特点，双向传递和沟通党中央声音和基层群众诉求。

（二）人民网及其新媒体业务

1. 人民网

人民网是《人民日报》建设的以新闻为主的大型网上信息发布平台。人民网股份有限公司于2012年4月27日上市，成为第一家在国内A股整体上市的新闻网站。人民网每天24小时发布新闻和信息，目前拥有15种语言16种版本。

2. 人民微博

人民微博是于2010年2月开设在人民网上的重要新媒体。截至2013年底，经过人民微博认证的党政机构和党政干部微博用户数超30000个，中央和国家部委21家，副部级以上个人和机构账号162个，外国驻华使馆和国际机构官方微博账号达到38家。

二、媒体融合情况

人民日报社视媒体融合为重大发展战略，为自身革新图存的关键，在内容、渠道、技术、管理、团队融合等方面作了有益的尝试。

(一)融合效益

1. 内容、渠道融合

《人民日报》记者针对同一个新闻事件已基本可以做到分别为传统媒体和新媒体提供不同风格的产品，且编辑也可做到根据各个媒体的特点加工成适应各个媒体传播的模式。

渠道融合就是要打破报纸、网络、新媒体三者之间的壁垒，改变三者间各自为政、资源利用效率低下的状态。人民日报社基本联通了传统媒体和新媒体的平台，可基本做到全方位、立体化传播。

例如“两会”期间，人民日报社打造的全媒体高端访谈栏目“两会 e 客厅”，一场访谈生成文字、图片、视频、flash 等 8 种类型的产品，并在 10 个以上媒体平台进行推送。

2. 技术、平台融合

人民日报社要求用“一流的内容和一流的体验”来吸引用户，其中“一流的体验”就是依靠日益翻新的技术手段实现。目前，人民日报社主要借助人民网的技术力量推动平台融合，人民网设有专门的技术部(约 50 人)、研发部(20 至 30 人)，各部门均拥有专业技术团队。2014 年初，人民日报社全资股份制企业“媒体技术股份有限公司”成立，公司以社属报刊为主体拓展新媒体技术的创新、研发、运营。同时，参与人民日报社全媒体融合模型的构建，着力为人民日报社打造具有国际传播力的现代传播体系。

3. 团队融合

人民日报社新闻协调部、报网互动部充当报网、新媒体间沟通协作的桥梁。一是通过统筹协调，以集体“作战”的方式加强团队融合，如《人民日报》记者走进人民网演播室变身视频主持人等模式，对于增进各业务团队间的了解、合作具有重要的作用。二是通过集体策划，使各媒体间的沟通更加顺畅。如报网经常一起策划选题，合作推出兼具图、文、视频、二维码的报道。

4. 管理融合

《人民日报》编委会通过管理及绩效激励，鼓励在报道中运用融合手段。

(二)存在的困惑

一是传统媒体与新媒体所建立的联系还是单线式的、点对点的、非全面的。二是长期从事传统媒体业务的采编人员面临着转型升级，而解决这一问题最首要的就是要转变思想观念。三是技术人才市场紧缺，顶尖专业技术人才薪资价码很高，现有的薪酬体系难以满足其需求，难以吸收和留住一流人才；鉴于用人机制欠灵活，尚没有机制可以发布公告向社会招聘。四是大量的协调工作增加了其运营成本，在一定程度上消减了部分效率。五是现有分配机制仍有待改进。

三、启示

(一)加快破解媒体融合这个最紧迫的课题，建立全媒体构架，打通报社资源，优化采编流程

加快传统媒体与新兴媒体融合发展，推动传统媒体新闻生产传播模式转型升级，建立全媒体构架，打通报社资源，优化采编流程，这是新的媒体格局和舆论生态给气象报社提出的战略性、根本性挑战，关系

到气象报社的长远发展。

目前，中国气象报社已经在内容、渠道、团队、管理融合等方面做了有益探索。如尝试开展全媒体写作，要求记者同时为各类媒体供稿；报纸、网站和新媒体记者通力合作，集智策划，共同完成同一事件的报道；统一使用采编平台稿件，以不同需求加以编辑使用；报网采用统一的绩效管理方式，新媒体也正在纳入统筹考虑中。未来，中国气象报社拟进行采编流程再造。

中国气象报社在落实深化改革、制定发展规划、理顺体制机制、重构业务布局、改造业务流程、完善考核评价体系、调配人才队伍、设计安排项目等实际工作中将媒体融合与新媒体工作一并纳入、统筹考虑，使移动化、社交化的微博、微信、微视、客户端等新媒体业务有机地融入报社工作，加快破解媒体融合这道难题。

（二）以创新求生存，不断创新发展思路、创新体制机制、创新方法手段、创新内容形式

中国气象报社运营的中国气象局微博已在新浪网、腾讯网、新华网、人民网、央视网、搜狐网等六大网络平台开通，“粉丝”总计超过240万，且已经与中国政府网、新华网等微博建立互推机制，其分区域气象预警发布等功能目前正在开发中；运营的中国气象局微信及微视主要发布气象科普图文信息、天气预报预警产品图及天气视频。运营的中国气象局政务账号已经入驻《人民日报》、搜狐、新浪和今日头条等国内知名新闻客户端。其中，搜狐新闻客户端中国气象局政务账号目前订阅用户数在政府账号中名列第二。此外，报社自行开发的万千气象客户端进一步实现电子报阅读、天气预报预警信息服务和远程投稿功能。下一步，中国气象报社将继续以创新为己任，加快创新发展，推动媒体融合。

（三）继续将新媒体业务作为报社重要业务之一加以重视和培植，从人才和技术两方面下大力气

1. 培养引进并重，稳定强化人才队伍

中国气象报社将通过培养和引进并重的方式挖掘、锻炼、使用和留住人才。加强业务培训和参加业内高端学习，让业务骨干有机会接触并深入了解新媒体及媒体融合发展态势及运作方式等。从业务分工和任务分配、业务绩效考核、人才选拔评价机制等多个方面激励和引导采编人员积极向“融媒体编辑”“融媒体记者”转变。用好入编选干、薪酬分配等现有政策，留住优秀人才，稳定报社队伍。中国气象报社新媒体人员存在流动性大、人员不稳定、官方“两微一端”有安全隐患等问题。因此，将通过各种渠道解决部分优秀人才的编制问题，从归属感、认同感等方面给予鼓励，留住骨干，稳定队伍。采用灵活的机制，高薪引进或聘用高水平专业人员（专兼职），逐步培养、储备和使用各类核心人才。

2. 坚持自主开发和借力发展并举

中国气象报社的技术开发力量还比较薄弱，尚不能满足新媒体发展的需求，更无法满足媒体融合一体化和全媒体运营的需求。因此，在新媒体业务拓展、新技术研发方面会采取自主开发与借力合作两种方式，在技术力量达不到、业务又迫切需求的情况下通过与有关方面的合作或者购买服务的方式推进相关工作。

（四）探索媒体多功能转型发展，实现宣传、科普、资讯服务一体化功能

迅猛发展的新技术正推动媒体从传统的、单向的宣传引导转向多平台的、交互式的，融宣传、科普、资讯服务等于一体的多功能方向发展。在融入社会、服务大众、拓展覆盖面和影响力、寻求盈利模式等方面中国气象报社近期也在努力摸索中。已成立分属公司“北京气象新视野传媒科技有限公司”，并推行现代企业管理。该公司以中国气象局气象服务资源和《中国气象报》新闻内容为依托，以“权威、实力，诚信服务公众”为理念，以“全媒体、多方位、全覆盖”为目标，开展全媒体气象服务运营。同时，探索媒体多功能转型发展，利用多媒体平台组织开展各类有益社会、有益部门的活动，逐步实现经营目标。